丝绸之路系列丛书

刘元风　赵声良　主编

敦煌服饰艺术图集

图案卷

（上册）

张春佳　苏钰　编著

中国纺织出版社有限公司

内 容 提 要

"丝绸之路系列丛书"中的图案卷分为上、下两册，针对敦煌莫高窟壁画和彩塑中的典型人物形象，如佛国世界中的佛陀、菩萨、弟子、天王、飞天、伎乐人，以及世俗世界中的国王、王后、贵族、平民、侍从等，进行服饰图案整理绘制和理论研究，对其反映的服饰图案造型、染织工艺和文化内涵进行分析，旨在为敦煌艺术的研究者和设计师提供有益的参考。

本书适合服装设计、平面设计等相关专业师生参考学习，也可供传统服饰文化爱好者、石窟文化爱好者收藏借鉴。

图书在版编目（CIP）数据

敦煌服饰艺术图集. 图案卷. 上册 / 张春佳，苏钰编著. -- 北京：中国纺织出版社有限公司，2024. 10.（丝绸之路系列丛书 / 刘元风，赵声良主编）. -- ISBN 978-7-5229-2008-5

Ⅰ. TS941. 12-64

中国国家版本馆 CIP 数据核字第 20249F16K6 号

Dunhuang Fushi Yishu Tuji Tu'an Juan

责任编辑：孙成成　　责任校对：高　涵　　责任印制：王艳丽

中国纺织出版社有限公司出版发行
地址：北京市朝阳区百子湾东里 A407 号楼　邮政编码：100124
销售电话：010—67004422　传真：010—87155801
http://www.c-textilep.com
中国纺织出版社天猫旗舰店
官方微博 http://weibo.com/2119887771
北京华联印刷有限公司印刷　各地新华书店经销
2024 年 10 月第 1 版第 1 次印刷
开本：889×1194　1/16　印张：8.75
字数：80 千字　定价：98.00 元

总序

伴随着丝绸之路繁盛而营建千年的敦煌石窟，将中国古代十六国至元代十个历史时期的文化艺术以壁画和彩塑的形式呈现在世人面前，是中西文明及多民族文化荟萃交融的结晶。

敦煌石窟艺术虽始于佛教，却真正源自民族文化和世俗生活。它以佛教故事为载体，描绘着古代社会的世俗百态与人间万象，反映了当时人们的思想观念、审美倾向与物质文化。敦煌壁画与彩塑中包含大量造型生动、形态优美的人物形象，既有佛陀、菩萨、天王、力士、飞天等佛国世界的人物，也有天子、王侯、贵妇、官吏供养人及百姓等不同阶层的人物，还有来自西域及不同少数民族的人物。他们的服饰形态多样，图案描绘生动逼真，色彩华丽，将不同时期、不同民族、不同地域、不同文化服饰的多样性展现得淋漓尽致。

十六国及北魏前期的敦煌石窟艺术仍保留着明显的西域风格，人物造型朴拙，比例适度，采用凹凸晕染法形成特殊的立体感与浑厚感。这一时期的人物服饰多保留了西域及印度风习，菩萨一般呈头戴宝冠、上身赤裸、下着长裙、披帛环绕的形象。北魏后期，随着孝文帝的汉化改革，来自中原的汉风传至敦煌，在西魏及北周洞窟，人物形象与服饰造型出现“褒衣博带”“秀骨清像”的风格，世俗服饰多见蜚襳垂髾的飘逸之感，裤褶的流行为隋唐服饰的多元化奠定基础。整体而言，此时的服饰艺术呈现出东西融汇、胡汉杂糅的特点。

随着隋唐时期的大一统，稳定开放的社会环境与繁盛的丝路往来，使敦煌石窟艺术发展至鼎盛时期，逐渐形成新的民族风格和时代特色。隋代，服饰风格表现出由朴实简约向奢华盛装过渡的特点，大量繁复的联珠、菱形等纹样被运用到服饰中，反映了当时纺织和染色工艺水平的提高。此时在菩萨裙装上反复出现的联珠纹，表现为在珠状圆环或菱形骨架中装饰狩猎纹、翼马纹、凤鸟纹、团花纹等元素，呈现四方连续或二方连续排列，这种纹样是受波斯萨珊王朝装饰风格影响基础上进行本土化创造的产物。进入唐代，敦煌壁画与彩塑中的人物造型愈加逼真，生动写实的壁画再现了大唐盛世之下的服饰礼仪制度，异域王子及使臣的服饰展现了万国来朝的盛景，精美的服饰图案将当时织、绣、印、染等高超的纺织技艺逐一呈现。盛唐第130窟都督夫人太原王氏供养像，描绘了盛唐时期贵族妇女体态丰腴，着襦裙、半臂、披帛的华丽仪态，随侍的侍女着圆领袍服、束革带，反映了当时女着男装的流行现象。盛唐第45窟的菩萨塑像，面部丰满圆润，肌肤光洁，云髻高耸，宛如贵妇人，菩萨像的塑造在艺术处理上已突破了传统宗教审美的艺术范畴，将宗教范式与唐代世俗女性形象融为一体。这种艺术风格的出现，得益于唐代开放包容与兼收并蓄的社会风尚，以及对传统大胆革新的开拓精神。

五代及以后，敦煌石窟艺术发展整体进入晚期，历经五代、北宋、西夏、元四个时期和三个不同民族的政权统治。五代、宋时期的敦煌服饰仍以中原风尚为主流，此时供养人像在壁画中所占比重大幅增加，且人物身份地位丰功显赫，成为画师们重点描绘的对象，如五代第98窟曹氏家族女供养人像，身着花钗礼服，彩帔绕身，真实反映了汉族贵族妇女华丽高贵的容姿。由于多民族聚居和交往的历史背景，此时壁画中还出现了于阗、回鹘、蒙古等少数民族服饰，真实反映了在华戎所交的敦煌地区，多民族与多元文化交互融汇的生动场景，具有珍贵的历史价值。

敦煌石窟艺术所展现出的风貌在中华历史中具有重要地位，体现了中国传统服饰文化在发展过程中的继承性、包容性与创造性。繁复华丽的服装与配饰，精美的纹样，绚丽的色彩，对当代服饰文化的传承发展与创新应用具有重要的现实价值。时至今日，随着传统文化不断深入人心，广大学者和设计师不仅从学术研究的角度对敦煌服饰文化进行学习和研究，针对敦煌艺术元素的服饰创新设计也不断纷涌呈现。

自2018年起，敦煌服饰文化研究暨创新设计中心研究团队针对敦煌历代壁画和彩塑中的典型的服饰造型、图案进行整理绘制与服饰艺术再现，通过仔细查阅相关的文献与图像资料，汲取敦煌服饰艺术的深厚滋养，将壁画中模糊变色的人物服饰完整展现。同时，运用现代服饰语言进行了全新诠释与解读，赋予古老的敦煌装饰元素以时代感和创新性，引起了社会的关注和好评。

“丝绸之路系列丛书”是团队研究的阶段性成果，不仅包含敦煌石窟艺术中典型人物的服饰效果图，同时将彩色效果图进一步整理提炼成线描图，可供爱好者摹画与填色，力求将敦煌服饰文化进行全方位的展示与呈现。敦煌服饰文化研究任重而道远，通过本书的出版和传播，希望更多的艺术家、设计师、敦煌艺术的爱好者加入敦煌服饰文化研究中，引发更多关于传统文化与现代设计结合的思考，使敦煌艺术焕发出新时代的生机活力。

劉元風

2023年11月

自序

敦煌历代服饰图案染织工艺特征

敦煌石窟艺术见证了中华文明千年的历史变迁，为我们呈现出一个令人惊叹的佛国世界。作为丝绸之路上的重要节点，敦煌不仅在政治、经济、文化等方面有着重要的地位，同时也汇聚了各种艺术形式和风格。其中，敦煌石窟中的服饰图案尤为引人注目，它们不仅具有极高的审美价值，还蕴含着深厚的历史和文化内涵。在这里，彩塑、壁画以及从藏经洞中出土的文书、绢画、纺织品，生动地展示了我国各族人民千余年来的服饰艺术之精湛和染织技术之多样。敦煌莫高窟的形成与佛教息息相关，人们怀着对宗教的虔诚之情来雕塑佛像、绘制菩萨，描绘宗教故事。尽管作品的媒介是泥壁，但通过世代工匠的巧手，我们见证了栩栩如生的佛陀、菩萨、弟子、伎乐天、天王、力士等身着华丽装饰的神祇形象，以及经变画和故事画中描绘的各种生活场景中的百姓和各国使者形象，甚至留下了世家望族在开凿洞窟时的供养人身影。每一个形象都拥有独特的魅力，而纺织品则是呈现这些多样形象的重要元素之一。这些引人注目的纺织品包括轻薄透明的丝绸、保暖的皮草等各种材质，以及用不同纺织技术制作的罗、绮、绁、锦等织物，展现了各种精美绝伦的染织刺绣纹样。因此，敦煌莫高窟不仅是艺术宝库，在其历代延续中还成为记录世俗生活风貌的“历史文献”。这部“中世纪的百科全书”中展示了丝绸之路上的主角——纺织品的宝贵资料。

敦煌早期的石窟，经历了北凉、北魏、西魏、北周的朝代更迭，这个时期在政治上发生了多次重大变革。这些朝代的兴衰和地方统治者的变化往往直接影响到艺术的发展。在早期石窟的装饰图案中，我们能够清晰地看到西域风格和中原风格逐渐融合形成一种新的艺术风格，这正是时代变迁的产物。尤其是丝绸之路的开通为文化和经济的交流提供了便利，而这种交流也深刻地影响了艺术的演变。西域与中原的织物工艺得到了进一步的交流，纺织品的交换使得不同地域的纹样和工艺相互融合。在这一过程中，敦煌石窟的装饰图案里吸收了许多创新的纹样，呈现出多元而丰富的艺术形式。特别是在纺织工艺方面，敦煌早期石窟装饰图案中常见的“几何纹”与当时的纺织技术密切相关。这些充满装饰感和秩序感的纹样通过经线和纬线的变幻，呈现出各种各样的几何图案。从平纹织物到斜纹织物，异色线的交织形成了不同大小的格子纹样。而随着绞花和提花技术的引入，织物中还出现了如菱格纹、回字纹等多样的几何图案，丰富了石窟装饰的艺术表达形式。这一时期的石窟艺术不仅是对当时社会文化的反映，同时也是各种文明交流融合的产物，展现了独特的历史价值。

6世纪末，隋朝终结了分裂割据的格局，实现了领土的统一，对社会发展起到了承前启后的重要作用。紧接着，唐代社会全方位发展，步入了中国古代最为灿烂的时期，被誉为“盛世大唐”。丝绸之路的贯通，迎来了经济和文化艺术方面繁荣发达的时代。安史之乱后，敦煌与中原在佛教和艺术领域的互动并未中断。与此同时，中原地区的染织工艺高度发达，随着织造技术的不断提高和显著进步，这时的染织艺术也进入了极盛的发展时期。异彩纷呈的染织工艺在敦煌隋唐时期壁画和彩塑的服饰图案中得到了完整而客观的呈现。

隋朝时期，平纹经锦在两汉、魏晋南北朝时期的基础上，呈现出更为丰富、华丽的细致纹样。以隋代第292窟南壁彩塑菩萨的半臂纹样为例，其在类似棋格状的方格内填充联珠小团花纹，整体布局井然有序，显示出精致而华美的格调。这种设计巧妙、风格华美的棋格联珠小团花纹锦与同期出土及传世的平纹经锦织物极为相近。在敦煌莫高窟的隋代服饰图案中，不仅有规整的几何框架内置小团花的形式，更引人注目的是其中内嵌的联珠团花纹。这种联珠纹蕴含着大量的西域艺术元素，自南北朝时期开始，通过各民族之间的战争、融合和交流，联珠纹逐渐传入中原地区。在隋代第420窟西壁龛口南北两侧彩塑胁侍菩萨所穿的半裙纹样中，联珠纹的表现形式更加丰富。联珠纹内描绘了飞马奔腾、人兽交战的场景。这种内含动物纹的联珠纹最初是在波斯萨珊王朝流行的典型纹样，传入中国后，在隋唐时期得到了广泛的推崇和发展。将现存的联珠纹织锦与隋代服饰图案对比，可以发现敦煌壁画和彩塑中呈现的服饰图案与当时丝织品的高度一致性。

在中外文化交流更加频繁的唐代，纺织印染工艺种类更加多样，织物图案也更加繁复、华丽。其中最具有代表性的唐锦在敦煌莫高窟中也有展现。例如，唐代第159窟西壁龛内南侧彩塑菩萨长裙上描绘着以花卉与云为题材的图案，主体花簇与折枝散花穿插布局，其间点缀云朵，主次分明，错落有致。浓重的土红底色与石绿色叶片、浅灰色花头及石青色云朵形成色相、明度的鲜明反差，色调明朗悦目，展现了唐代清秀型花卉图案的典型特征。在新疆吐鲁番阿斯塔那唐代墓葬中出土了一件精美的红地花鸟纹锦，花团锦簇，祥云缭绕，不仅具有华美唐锦的典型特征，也代表了唐代斜纹经锦的高水平。将第159窟服饰图案与这件织物并置，无论是绚丽华美的色彩还是气韵生动的构图，都呈现出极为相似的特点。随着织造技术的进步，纬锦逐渐取代了经锦，纬锦工艺摆脱了以往织造小型花纹的限制，带来了织物图案不断创新的趋势。因此，我们在壁画及彩塑的服饰图案当中就能够看到大型的花纹甚至是整幅的单独图案。例如，第159窟西壁龛内北侧彩塑菩萨长裙上的宝相花图案，与日本正仓院收藏的斜纹纬锦工艺织造的大唐花琵琶袋背面的纹饰非常相似。这件织物上还有与宝相花同在这一时期流行的卷草花纹，与第194窟西壁龛内南侧彩塑天王铠甲上的卷草纹样高度相似。敦煌莫高窟壁画及彩塑上除了表现出精美的唐锦外，各类印染工艺也未被忽略。在前代的基础上，蜡缬、绞缬、夹缬、木戳印花、碱剂印花等印染新工艺蓬勃发展。例如，第74窟主室西壁龛外南侧地藏菩萨袈裟上的图案，坛（田相格）内为深褐色地，上有石绿色和石青色六瓣小朵花规律穿插排列。图案造型似梅花，花瓣浑圆，根部细窄，以平涂轮廓式方法表现。这种边缘清晰、造型简洁、色彩单一的纹样推测可用夹缬或是木戳印花这类模板印花的工艺方式呈现。这些染织工艺在隋唐时期敦煌服饰图案中均有具体体现，为我们留下了异常珍贵的史料。

唐王朝灭亡后，敦煌地区的统治者一直在积极寻求与中原王朝的联系，以保持敦煌的稳定。敦煌，这个位于西北一隅的地方，能够持续推动汉文化的发展，彰显了汉文化强烈的凝聚力。然而，由于与中原地区的交流时断时续，这一时期的敦煌并未像隋唐时期那样深受中原艺术的熏陶。因此，在五代和宋时期，敦煌莫高窟壁画中的服饰呈现出了受到西域文化影响的服装款式，同时在服饰图案上仍可见晚唐风格的鸟衔花枝图案。而到了西夏和元代，洞窟数量减少，因此服饰图案的丰富度不及之前。然而，在供养人的服饰上，依然可以观察到中原王朝文化的影响。例如，西夏时期第409窟主室东壁南侧回鹘王所着的袍服上整身的团龙纹样，从其身份地位和对龙纹的独特使用来看，这应该是通过金线满绣工艺实现的。

“丝绸之路系列丛书”中的图案卷分为上、下两册，根据敦煌莫高窟中壁画（尊像画、故事画、经变画、史迹画、供养人像等）和彩塑中的典型人物形象，包括佛国世界中的佛陀、菩萨、弟子、天王、飞天、伎乐人等，以及世俗世界中的国王、王后、贵族、平民、侍从等，对其反映的服饰图案、染织工艺和文化内涵进行图像绘制和理论阐述，旨在为敦煌艺术的研究者和设计师提供有益的参考。

编著者

2024年1月

目录

初唐

盛唐

初唐

莫高窟初唐第57窟主室南壁观世音菩萨披帛图案

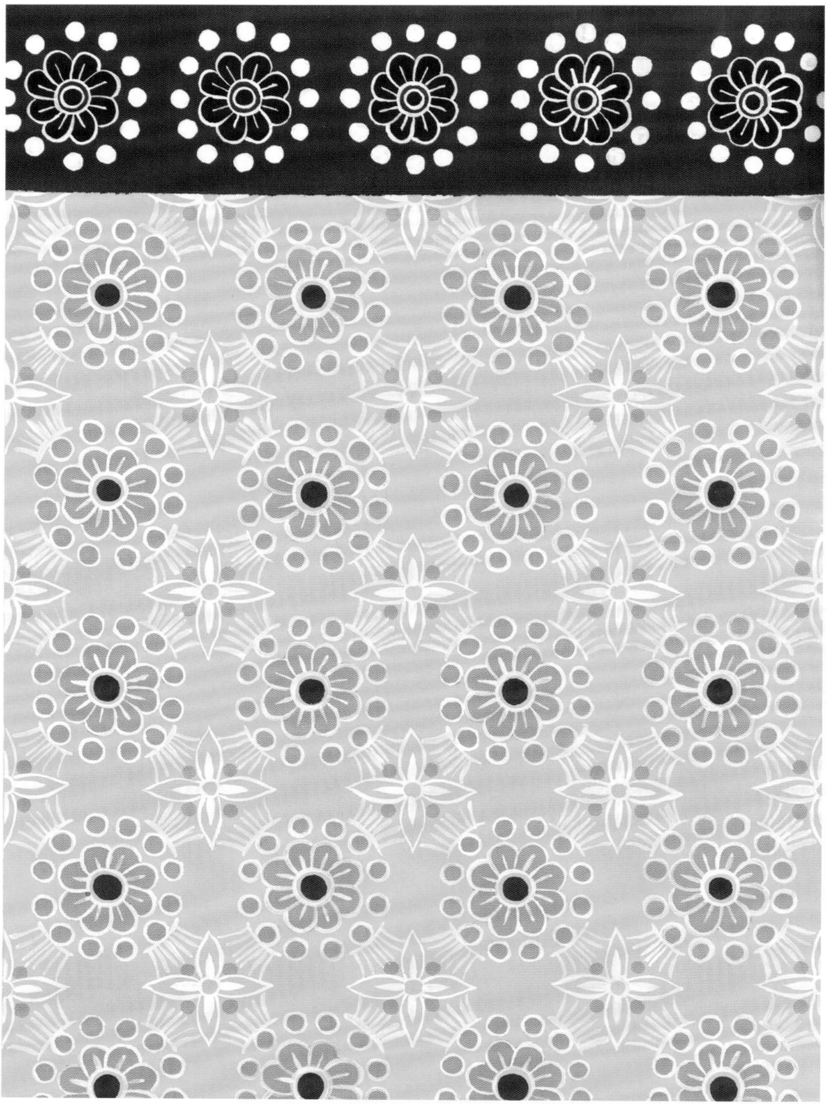

图文：王可

第57窟主室南壁的观世音菩萨所着僧祇支的主体纹样是团花纹。僧祇支底色为浅土黄色，主花为联珠八瓣团花，宾花为四叶小朵花，花型轮廓均用白色线条勾勒。主花和宾花用白色线条相连形成散点式四方连续纹样，结构严谨，内容充实。缘边底色为深绿色，联珠八瓣团花纹左右相连，与主纹样相互呼应，丰富其艺术效果。

图：王晓彤

莫高窟初唐第57窟主室南壁观世音菩萨裙腰图案

图文：王可

第57窟主室南壁观世音菩萨外裹裙腰的底色为石青色，整体图案以菱形为骨架进行连缀排列，构成四方连续图案。菱形骨架用工整的排线方式表现，营造出视觉上的模糊感。而缘边使用深褐色为底色，以白线勾勒出联珠十二瓣小团花纹，用“一破为二”的形式交错排列，搭配几何纹样的裙身产生动静结合的装饰效果。

图：刘佳昕

莫高窟初唐第57窟西壁龛外北侧供养菩萨僧祇支图案

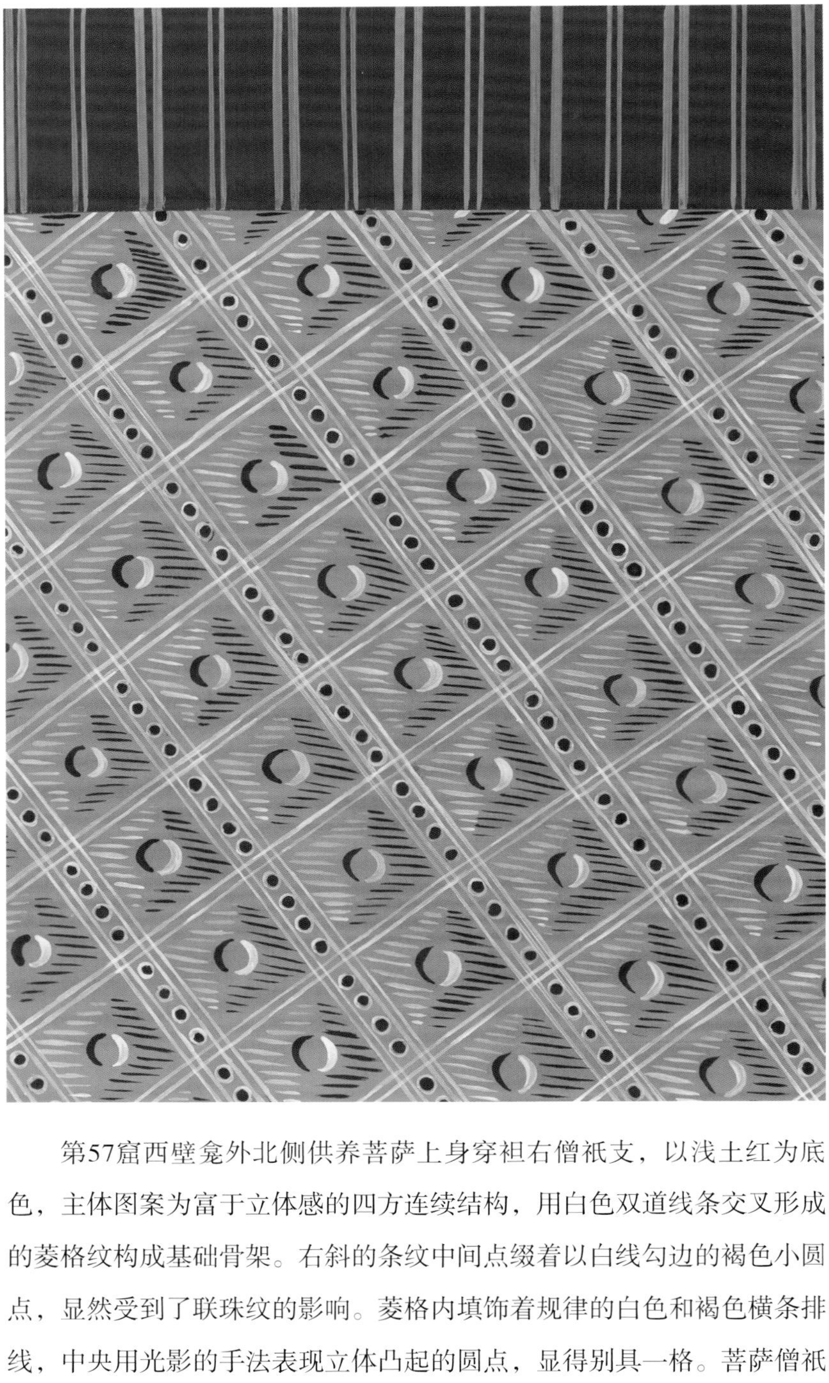

图文：王可

第57窟西壁龛外北侧供养菩萨上身穿袒右僧祇支，以浅土红为底色，主体图案为富于立体感的四方连续结构，用白色双道线条交叉形成的菱格纹构成基础骨架。右斜的条纹中间点缀着以白线勾边的褐色小圆点，显然受到了联珠纹的影响。菱格内填饰着规律的白色和褐色横条排线，中央用光影的手法表现立体凸起的圆点，显得别具一格。菩萨僧祇支缘边的底色为褐色，上有粗细相间的石绿色竖向条纹交错排列。整体图案色彩和谐典雅，结构明晰，疏密有致，充满节奏感和律动感。

图：刘佳昕

莫高窟初唐第57窟主室南壁佛陀僧祇支图案

图文：王可

图：丁晓蓓

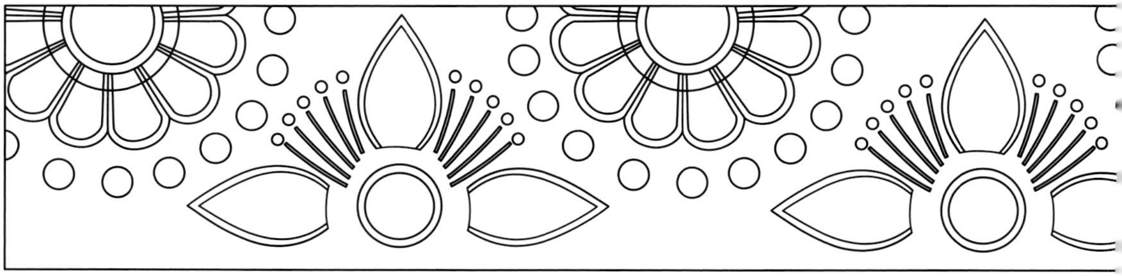

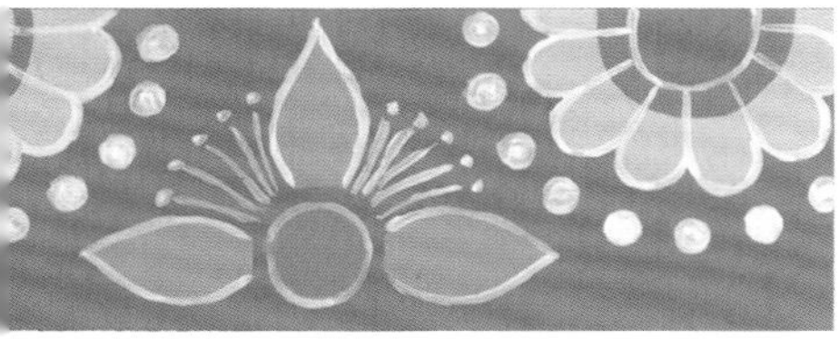

第57窟主室南壁佛陀所着僧祇支的缘边图案为半破式二方连续结构，以浅土红为底色，主体花型为浅石青色联珠团花纹和石绿色三瓣朵花纹，色彩清新淡雅，并以白色线条勾勒花朵轮廓和点缀花蕊。两种花纹分两列上下交错排列，使图案充满秩序感。

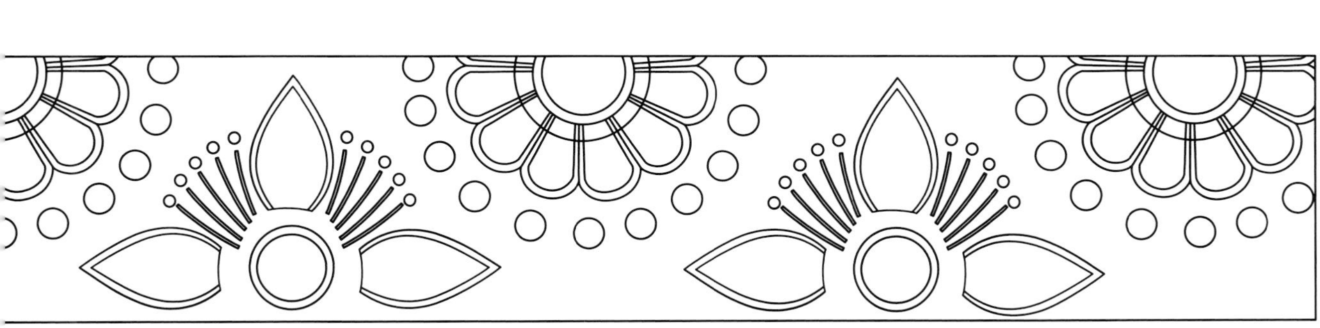

莫高窟初唐第68窟西壁龛内彩塑阿难尊者袈裟图案

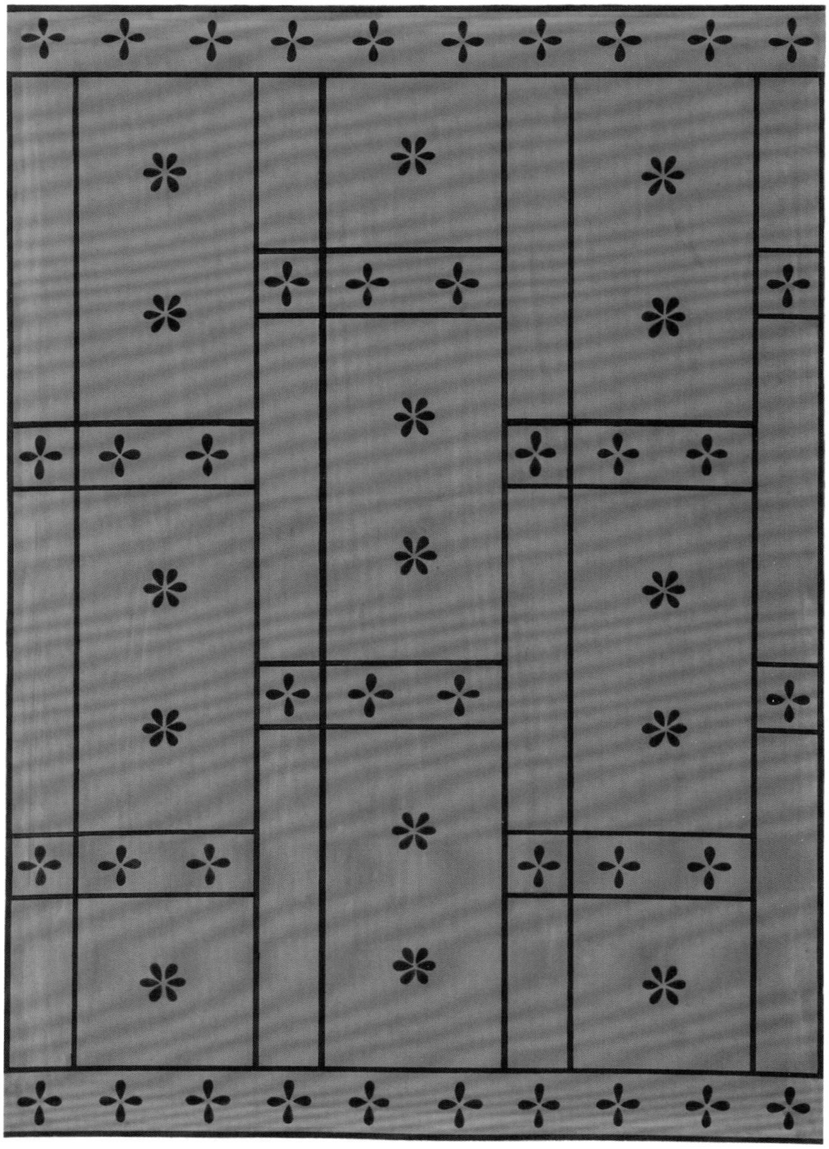

图文：崔岩

第68窟西壁龛内彩塑阿难尊者（释迦牟尼佛的十大弟子之一）内着右衽宽袖偏衫，外披田相纹袈裟，即一种被称为“僧伽梨”的大衣。其披着方式为袒右式，本应绕搭至左肩后的袈裟一角翻折后自然垂下，搭至左臂。画师按照佛教律典的规定和实际制作要求绘出袈裟形制，整体为土红色田相七条衣，缘边（四周边缘）与叶（中间的横条和竖条）有四瓣花纹，坛（田相格）内绘六瓣花纹。除了装饰外，这些纹饰所处的位置说明其具有缝缀加固袈裟的作用。

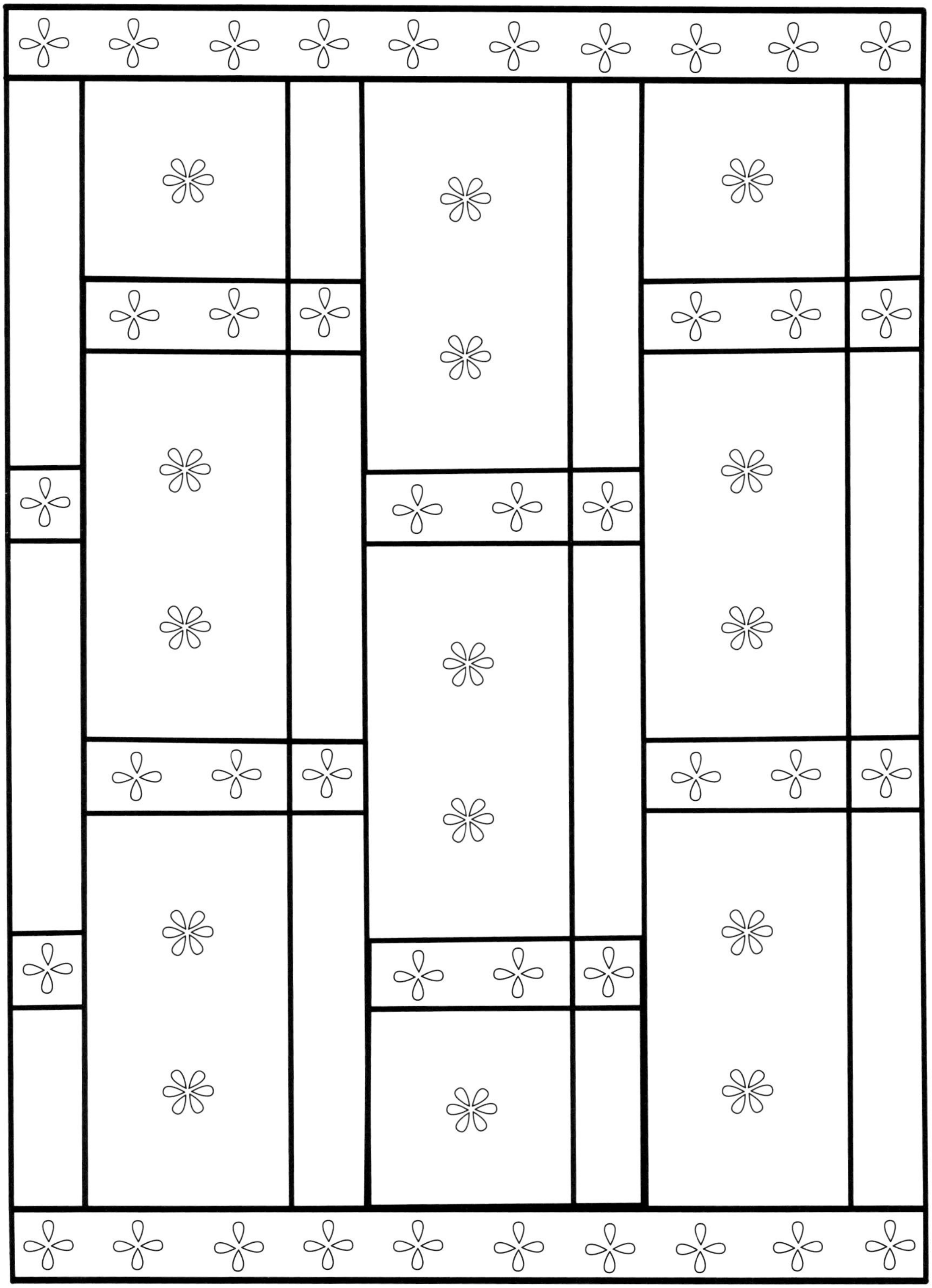

图：刘佳昕

莫高窟初唐第71窟主室西壁龛内北侧彩塑菩萨裙腰图案

图文：高雪

图：苏钰

第71窟主室西壁龛内北侧彩塑菩萨的裙腰图案仅露出中央一个完整的单体花型，以红底色衬托青、绿色花纹，主体花型由花叶、花梗、花托、花萼构成。花托与萼片相融合呈波浪状左右散开，动势强烈，其上正中绘制三瓣花，后层复点缀两片较小花瓣，增加了层次感，以此为中央向左右两侧不同方向添加流畅的变形花萼，花萼之上点缀大小不一的花瓣若干。纹样组织配置十分灵活，可见唐代画师构思巧妙，将花朵从自然形中脱胎出来，加以打散、变形、重构，使其平面化、装饰化，赋予了装饰花型以初唐的时代特征与气魄。

莫高窟初唐第71窟主室西壁龛内彩塑佛陀袈裟缘边图案

图文：高雪

图：丁晓蓓

第71窟主室西壁龛内彩塑佛陀的袈裟缘边图案用半破式二方连续的宝相花衬托佛陀的庄严。宝相花是由自然形态的花卉经抽象概括而得到的一种植物造型，多呈对称放射状。它把盛开的花、蕾、叶等组合，形成更为平面化、更具装饰性的图案。这里的宝相花以红、绿、蓝、赭石、白为主色，庄重艳丽，两半交错的排列在空间上有一定的起伏节奏感，具有典型的初唐特征。花瓣仍保持着莲花的特征，边缘简洁，这与该洞窟中佛弟子阿难尊者的头光以及佛龛外沿的边饰花型相一致。

莫高窟初唐第71窟主室西壁龛内彩塑佛陀裙边图案

图文：高雪

图：刘佳昕

裙缘二方连续图案以半破式的如意纹为中心，以辐射状表现双层花瓣，花瓣的平瓣外形曲线节奏平缓，内部的如意纹流畅、优美、空间较大，花瓣左右相连、内外重叠，整体呈现出向外开放的张力。

莫高窟初唐第202窟西壁龛内北侧弟子像袈裟图案

图文：崔岩

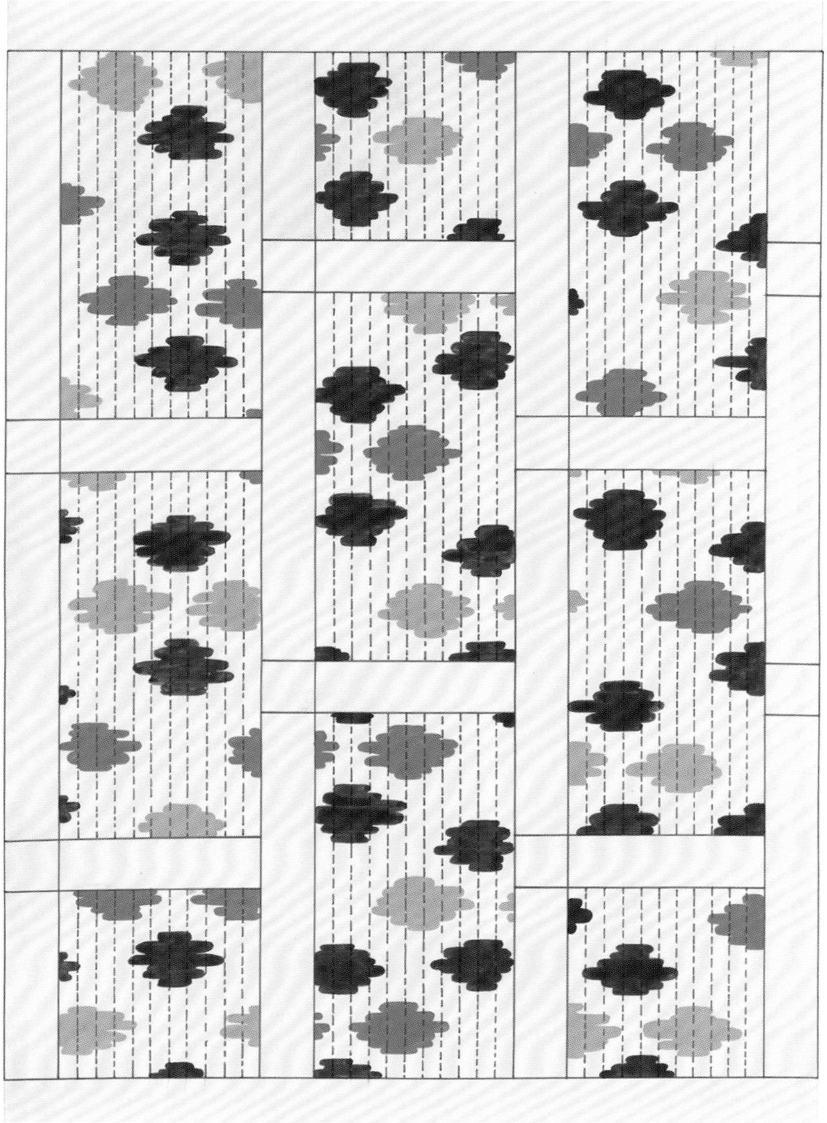

这里选取的是第202窟西壁龛内北侧一身弟子像的袈裟图案。袈裟按照佛典规制进行绘制，装饰以石青色、石绿色、褐色的横向斑纹图案，并以虚线示意竖向的绗缝针法。从肌理表现手法来看，此图案似为文献中记载的树皮袈裟。日本正仓院中藏有九领“御袈裟”（8世纪），其中有两条名为“九条刺纳树皮色袈裟”和“七条刺纳树皮色袈裟”，以各种杂色绫锦缀成纹样，色彩犹如树皮，与此图案十分相似。可见，敦煌壁画中的服饰图案在历史真实来源方面具有一定的可靠性，是值得深入研究的珍贵图像资料。

图：孟伟娜

莫高窟初唐第204窟主室西壁龛内彩塑菩萨裙身图案

图：王可　文：王可、崔岩

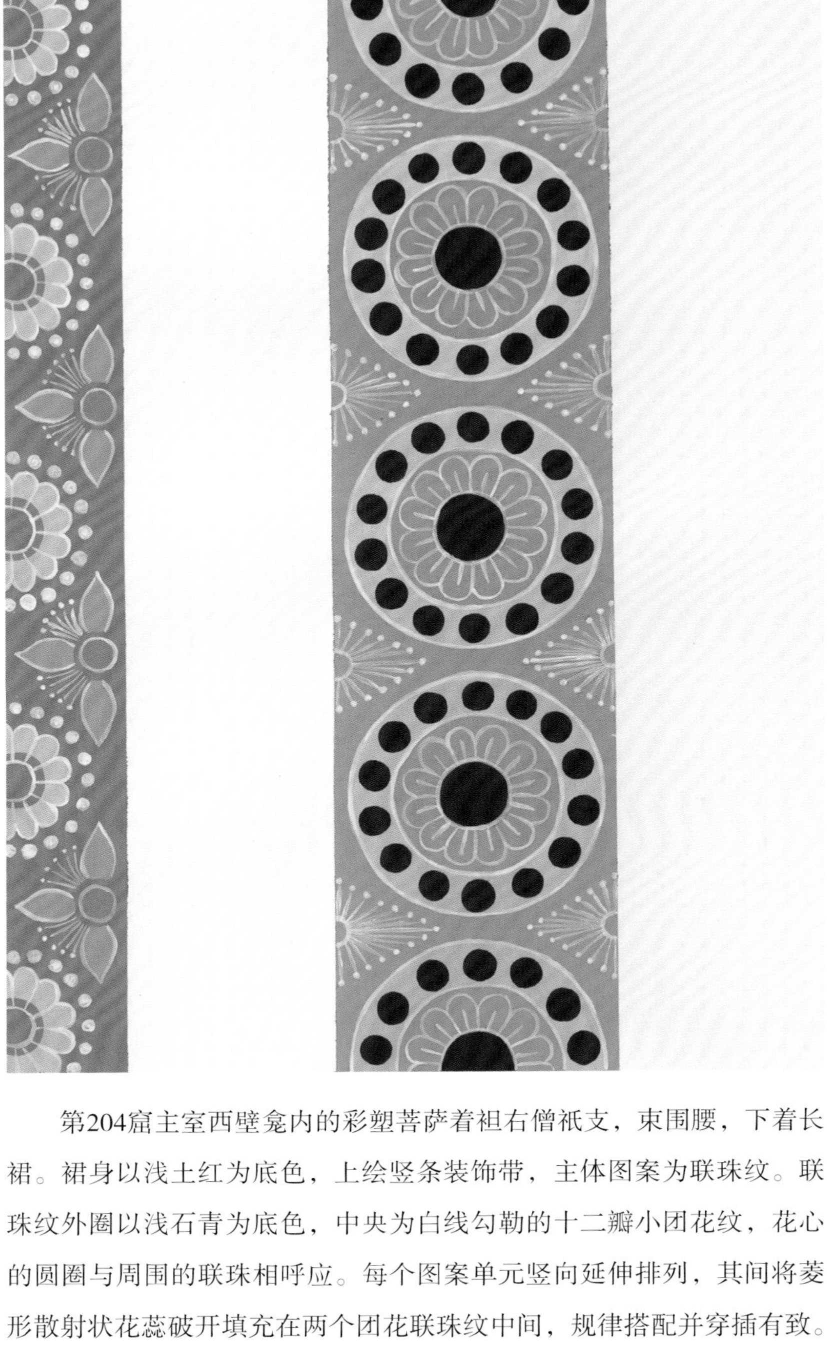

第204窟主室西壁龛内的彩塑菩萨着袒右僧祇支，束围腰，下着长裙。裙身以浅土红为底色，上绘竖条装饰带，主体图案为联珠纹。联珠纹外圈以浅石青为底色，中央为白线勾勒的十二瓣小团花纹，花心的圆圈与周围的联珠相呼应。每个图案单元竖向延伸排列，其间将菱形散射状花蕊破开填充在两个团花联珠纹中间，规律搭配并穿插有致。在新疆吐鲁番阿斯塔那墓曾发现联珠孔雀纹锦、联珠对马纹锦等纺织品实物，在敦煌石窟隋代的壁画和彩塑中，联珠纹也屡见不鲜，并发展出凤纹、花卉纹样等大众喜闻乐见的主题，说明外来文化沿丝绸之路的广泛传播和本土化融合。

图：孟伟娜

莫高窟初唐第204窟主室西壁龛内彩塑迦叶尊者袈裟图案

图：王可　文：王可、崔岩

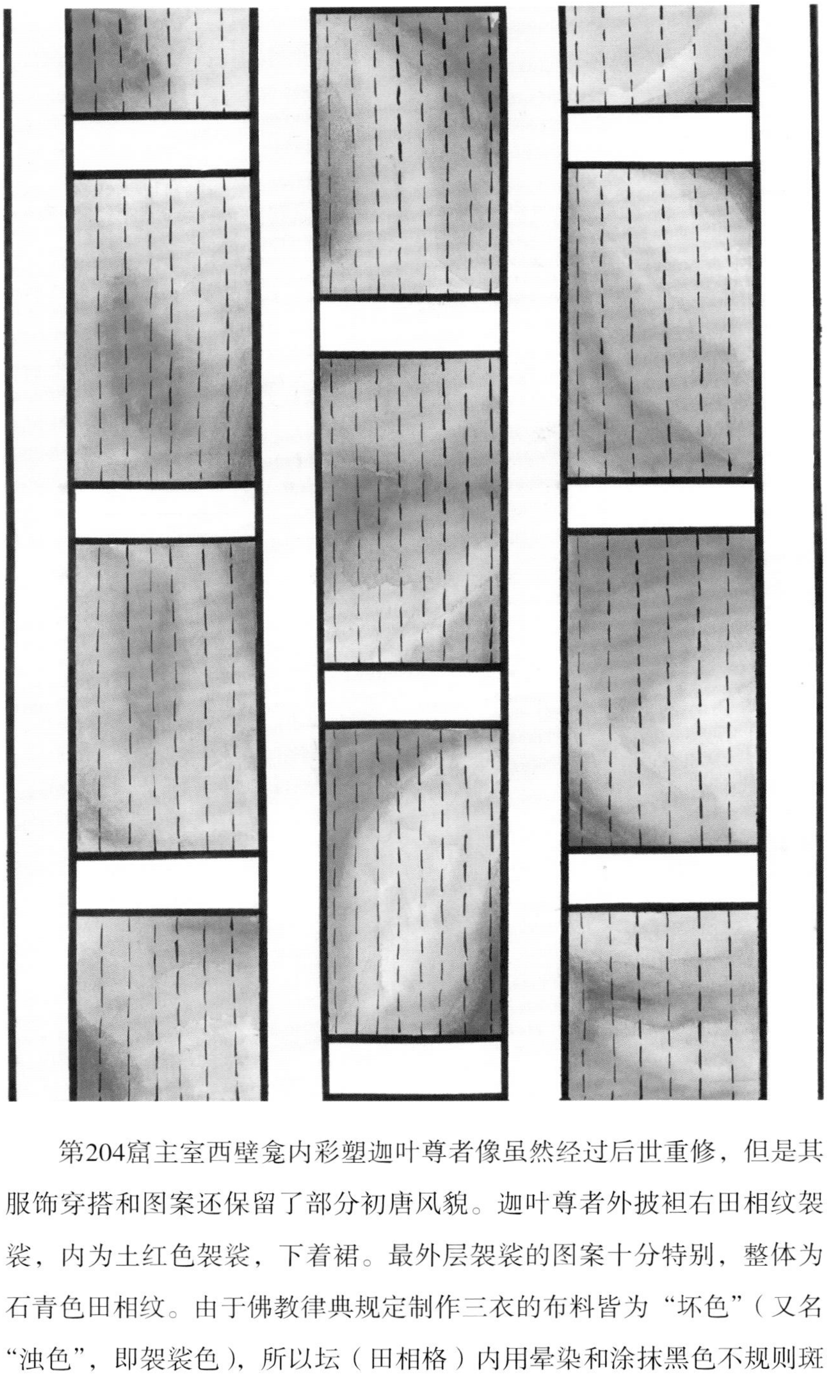

第204窟主室西壁龛内彩塑迦叶尊者像虽然经过后世重修，但是其服饰穿搭和图案还保留了部分初唐风貌。迦叶尊者外披袒右田相纹袈裟，内为土红色袈裟，下着裙。最外层袈裟的图案十分特别，整体为石青色田相纹。由于佛教律典规定制作三衣的布料皆为“坏色”（又名“浊色”，即袈裟色），所以坛（田相格）内用晕染和涂抹黑色不规则斑点的方式模拟“坏色”的效果，并用虚线模拟缝纫的线迹。缘边（四周边缘）与叶（中间的横条和竖条）上没有装饰，用纯色布条缝缀，体现了袈裟本有的朴素质地。

图：孟伟娜

莫高窟初唐第220窟主室北壁供养菩萨裙身图案一

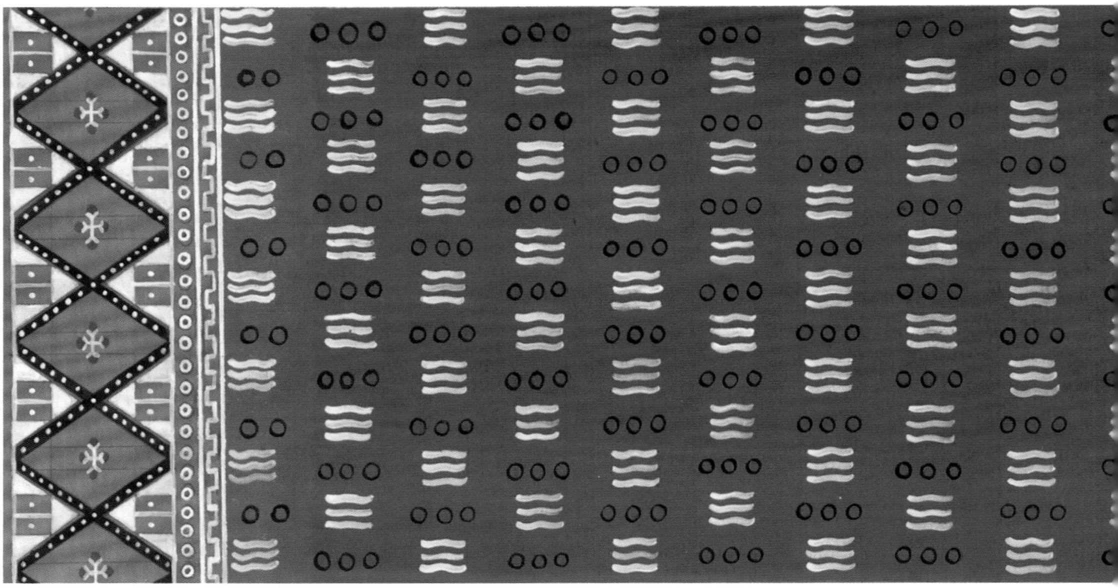

图：王馨　文：崔岩

图：孟伟娜

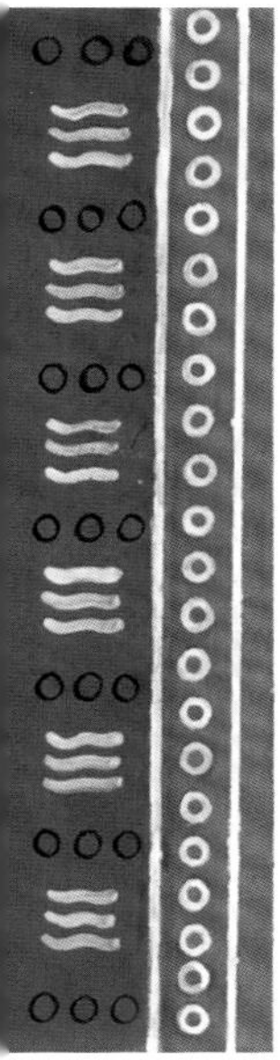

第220窟主室北壁供养菩萨的裙身图案为横向分段式，从图像中显露出的部分来看主要分为三段。第一段为方格联珠十字花纹，以红色和白色为底色，边缘为白色线条勾勒的联珠纹和弓字纹。第二段为水波纹，以石青色为底色，用白色线条勾勒出段状水波曲线，并穿插墨线联珠，二者错落排列，充满流动感。

莫高窟初唐第220窟主室北壁供养菩萨裙身图案二

图：王可　文：崔岩

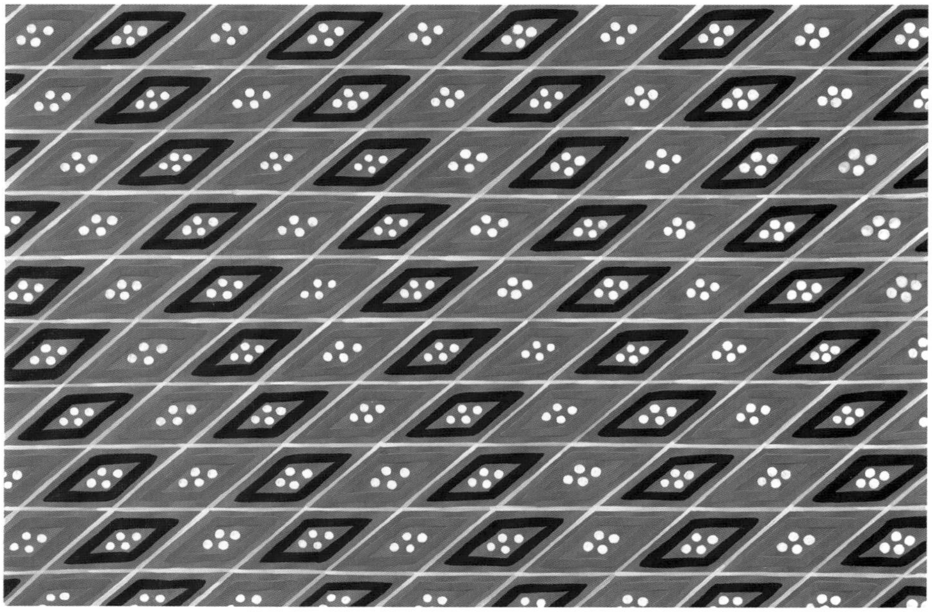

供养菩萨的裙身图案横向分为三段，第三段为菱格十字花纹，以红色为底色，以白线搭建菱形骨架，中间填饰白色四簇花心和石青色、石绿色线条。整体图案以细密的几何纹为主，色彩清新雅致。

图：李作殷

莫高窟初唐第220窟主室北壁伎乐人半臂图案

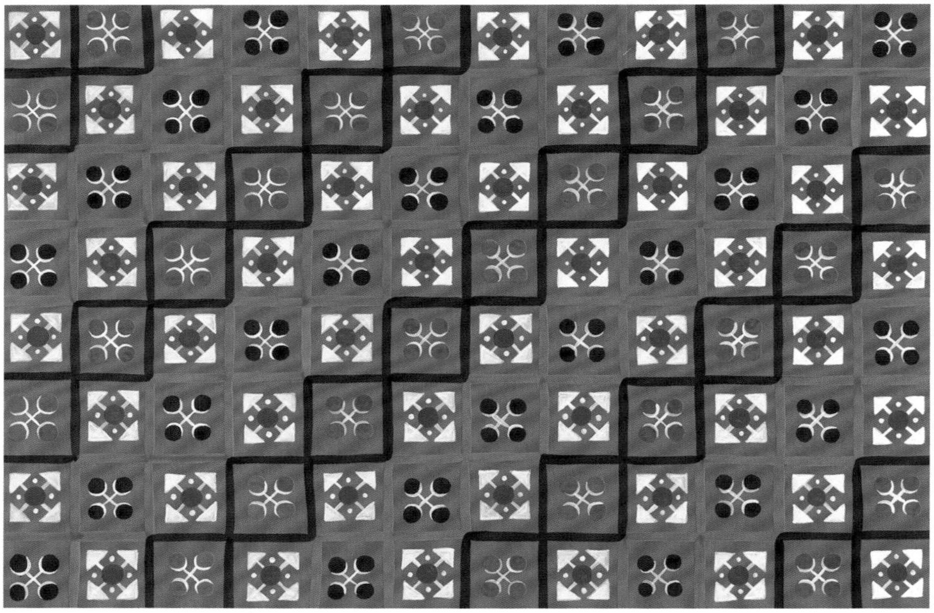

图：王可　文：崔岩

第220窟主室北壁的伎乐人穿贴身、窄袖的半臂，从露出的背部来看，图案主体以红色为底色，上绘石绿色方格纹，格子内有白色十字花纹点缀石绿色花心，以及石青色十字花纹，二者错落排列，色彩清雅、秀丽。图案整体方正有度，如同铠甲一般，在统一的秩序中不失变化。几何式框架的图案具有规则、刚劲的视觉效果，符合胡腾舞所具有的矫健、雄迈的特点，因此十分符合穿着者身份。

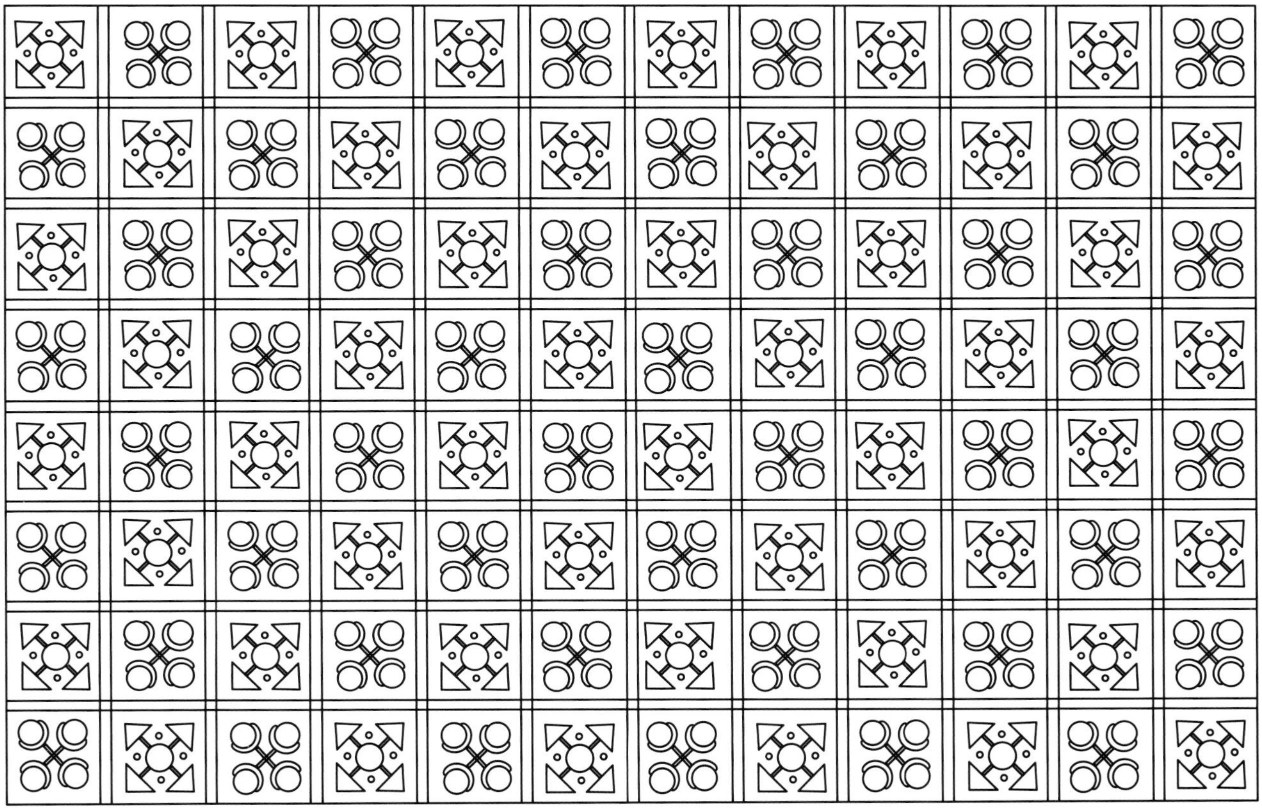

图：丁晓蕾

莫高窟初唐第220窟东壁门南天女蔽膝图案

图：常青　文：崔岩

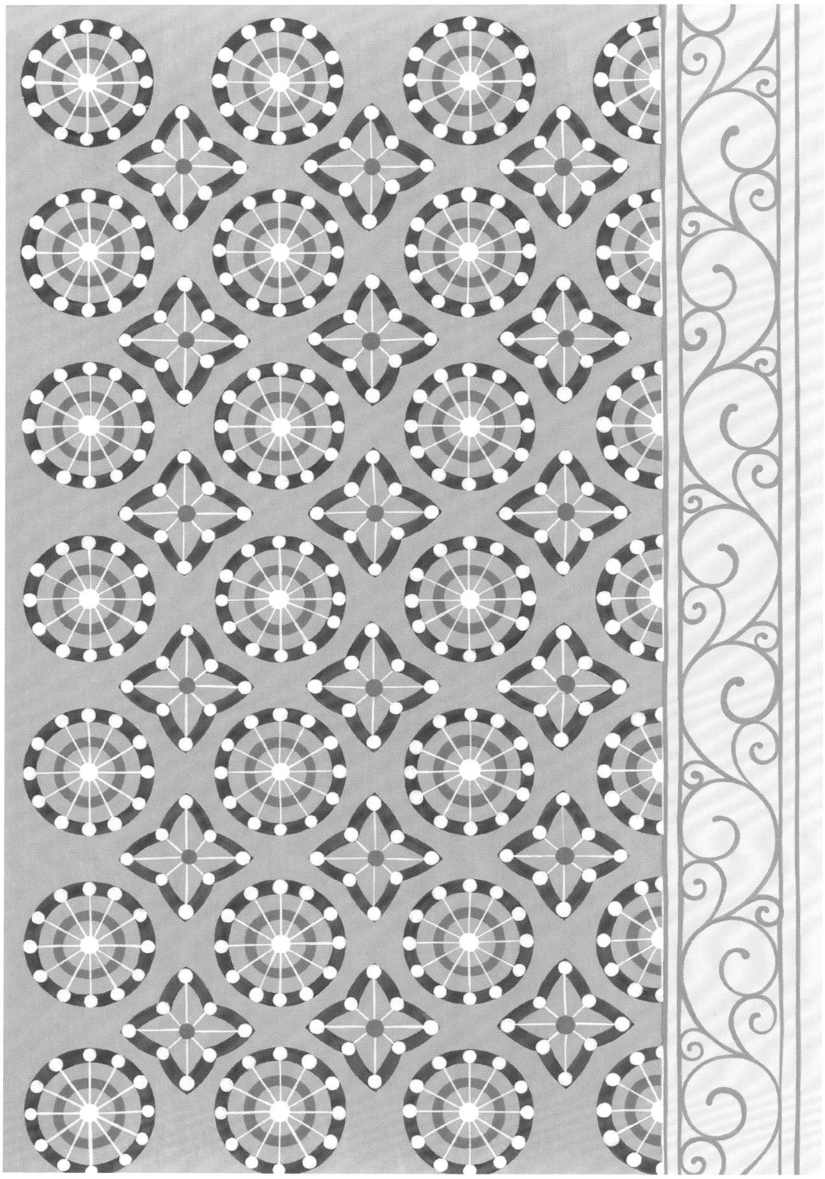

第220窟东壁门南所绘天女的半袖衫和蔽膝上均装饰有丰富的服饰图案，这里选取其蔽膝图案进行整理绘制。蔽膝的主体图案以大面积的土红色为底色，上绘排列有序的联珠团花纹。图案以白色实心点为花心，外绘石青色圆圈，外周为一圈白色联珠纹，联珠纹以放射性白线与花心连接在一起，状如花蕊。宾花为石青色花心的菱形联珠纹，也呈放射状，穿插在圆形轮廓的联珠团花纹之间。蔽膝镶着较宽的白地缘边，上以土红色线勾勒出二方连续式卷草纹。整体图案清新秀丽、灵动雅致。

图：李佳殷

莫高窟初唐第220窟主室西壁龛内北侧弟子像袈裟内里图案

图：常青　文：王馨

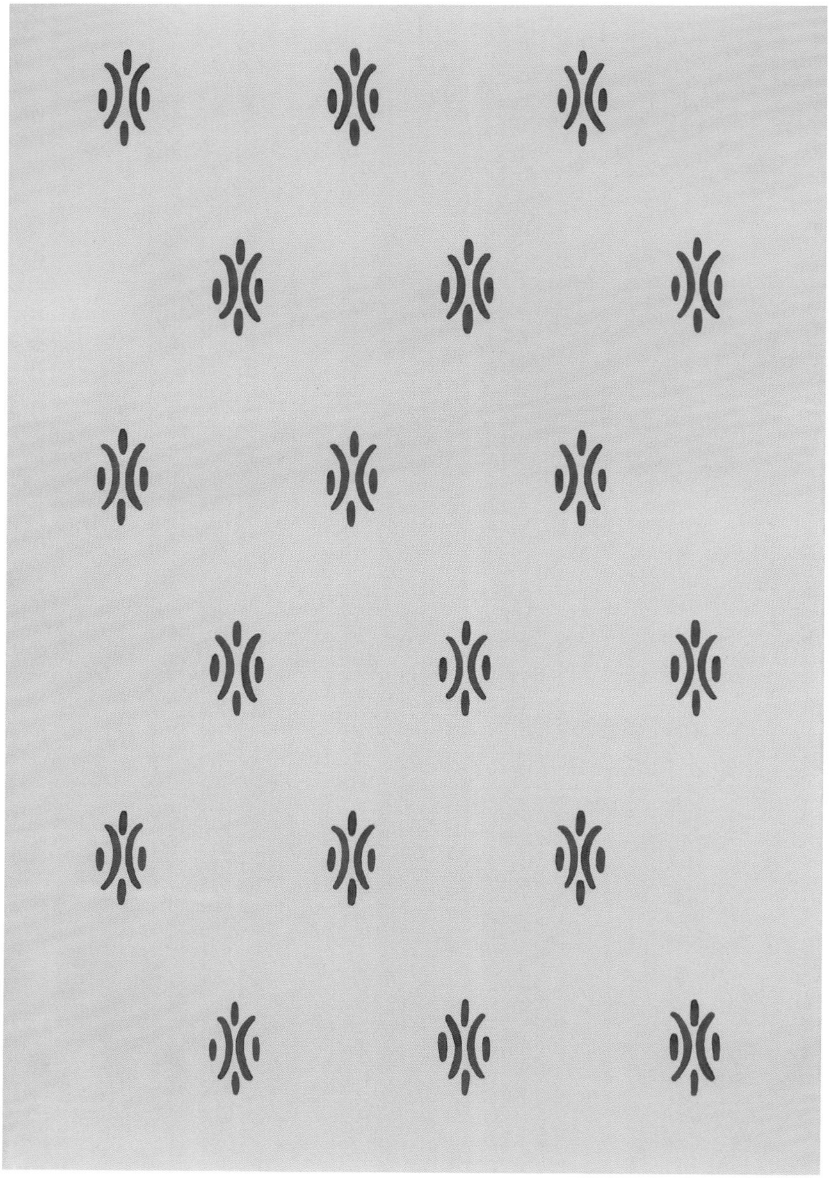

第220窟主室西壁龛内壁画与龛内彩塑相互呼应，绘有弟子、菩萨、背光等内容，现将北侧弟子像的袈裟内里图案进行整理绘制。弟子外披袒右浅灰色田相纹袈裟，内披石绿色袈裟，在袈裟的翻折处露出内里。图案底色为浅石绿色，以墨线勾勒几何图案为主花，花型为两道半圆弧线呈相背对称状，在上、下、左、右点缀黑色实心圆点，造型简练，清秀雅致。

图：苏钰

莫高窟初唐第220窟主室西壁龛内北侧弟子像裙身图案

图：常青　文：王馨

第220窟主室西壁龛内壁画与龛内彩塑相互呼应，绘有弟子、菩萨、背光等内容，现将北侧弟子像的裙身图案进行整理绘制。弟子所着长裙为浅绛色，白色花纹为主花。花纹为十字形骨架，装饰四出心形叶片，空隙以白色圆点填充。图案整体呈四方连续形式，花地分明，清地排列，错落有序。

图：苏钰

莫高窟初唐第220窟主室西壁龛内南侧弟子像袈裟图案

图：王可　文：王馨、崔岩

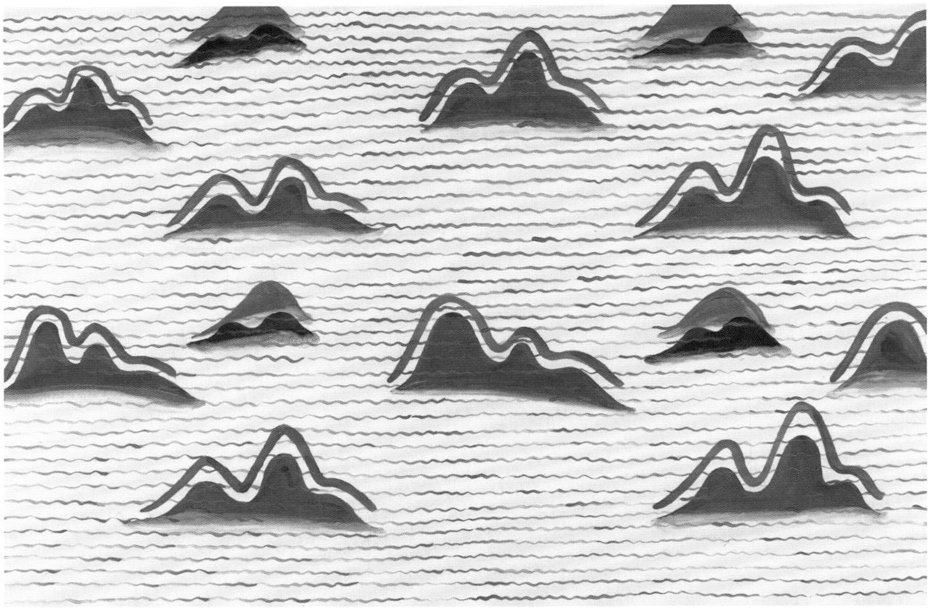

图案取自第220窟主室西壁龛内南侧弟子像的袈裟图案。图案以浅土黄为底色，田相格内绘石青色山丘，山峦上勾勒石绿色以渲染山野间清秀的景致，其间点缀些许赭石色使图案整体更加沉稳有力。这种饰以山水林木图案的袈裟被称为“山水衲”，是从初唐出现并沿袭的袈裟样式，晚唐第17窟洪辩塑像仍着此类袈裟。

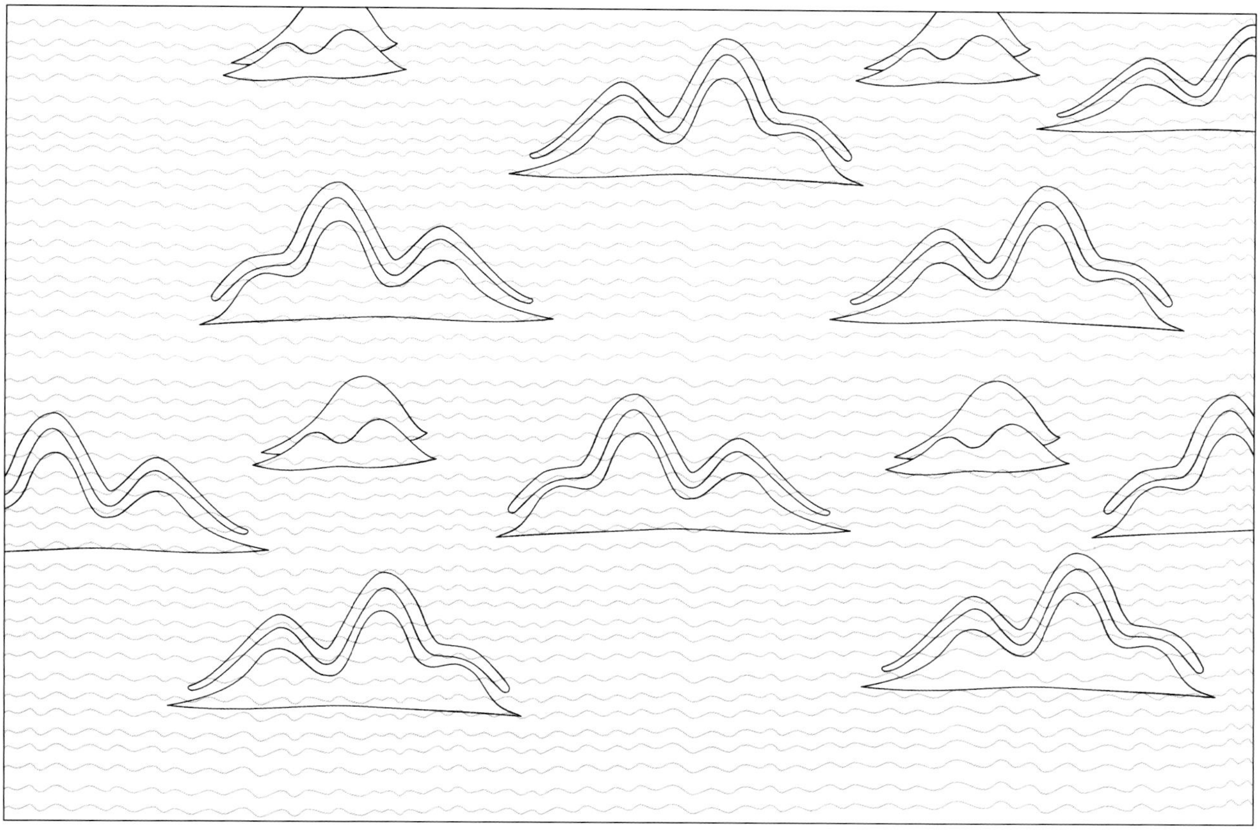

图：李佳殷

莫高窟初唐第322窟主室北壁佛陀袈裟缘边图案

图文：高雪

图：李佳殷

图文：高雪

图：李佳殷

第322窟主室北壁佛陀的袈裟缘边图案有两条，因年代久远，边饰表层颜料脱落、变色严重，底色均已变色为深褐色，表层纹样遗留青绿残迹。敦煌壁画及彩塑着色所用的颜料，主要是天然矿物色颜料，以植物颜料和早期人工合成颜料为辅。敦煌研究院李最雄研究员在《敦煌莫高窟唐代绘画颜料分析研究》中对敦煌壁画中的颜料做了比较系统的科学分析，为我们今天绘制唐代服饰图案的色彩选择提供了依据。

隋唐五代的常见色为五色：红色、蓝色、绿色、棕黑色和白色，其中红色主要为朱砂与铅丹，蓝色主要是石青和青金石，绿色主要是石绿，棕色主要是棕褐色的二氧化铅，白色主要是碳酸钙矿物——方解石。袈裟缘边图案由于装饰部位及装饰空间的限制，结构较为简单，纹样形象概括、均衡舒朗，色彩以石青、石绿色调为主，采用退晕的表现手法，色调浑厚富丽，体现了初唐边饰图案的装饰特征。

莫高窟初唐第322窟主室西壁龛内彩塑佛陀袈裟缘边图案一

图文：张博

图：方良平

由于袈裟袖缘图案残损，进而采用如下两个角度进行纹样复原推理研究。角度一：横向对比隋代及初唐各窟中相似的装饰图案，如第334窟、第372窟，推导此纹样的母题、骨架和装饰细节。角度二：研究第322窟整体设计风格，参照同窟的龛楣与藻井图案进行推理。综合研究后得到：本页复原图案为初唐延续隋代风格的波状莲花纹，花冠为复合五瓣莲花，花萼为涡卷萼，纹样为连续波状“S”形骨式，主茎在转折处产生蘖枝，蘖枝上生出涡卷萼和莲花花苞。

莫高窟初唐第322窟主室西壁龛内彩塑佛陀袈裟缘边图案二

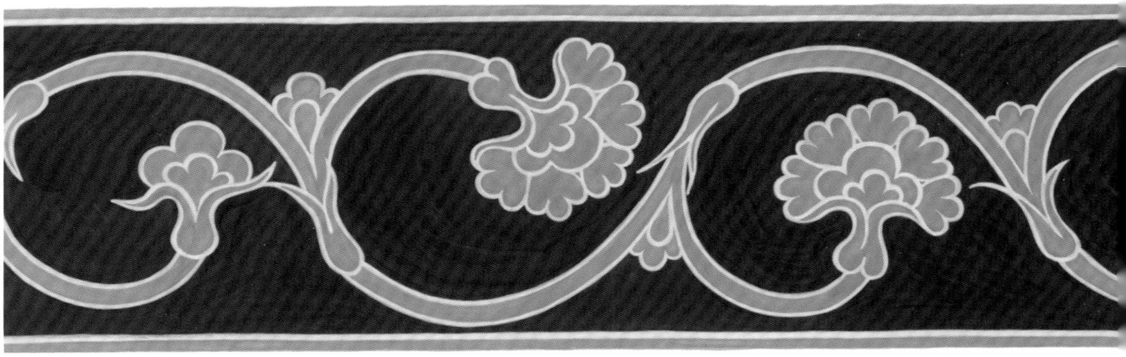

图文：张博

图：方良平

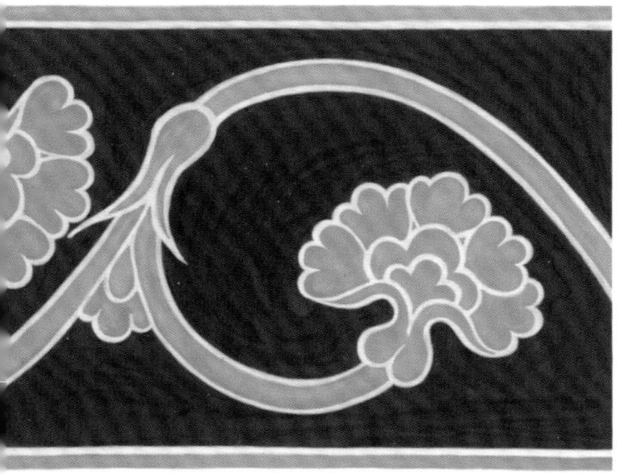

本页复原图案为初唐新风的波状石榴莲花纹，花冠为复合面五瓣石榴花，花萼为石榴花萼，骨式为连续波状“S”形，主茎在转折处产生蘖枝，蘖枝上生出石榴花萼和莲花花苞。图案皆为经前代凝练后的程式化处理方式，构图具有婉转、延展的动态美。图案以褐色为底色，以石绿色填色、白色勾边，使得图案在光照有限的洞窟内仍能显示出立体的装饰效果。

莫高窟初唐第328窟主室西壁龛内彩塑佛陀袈裟缘边图案

图文：崔岩

这里选取整理绘制的是第328窟主室西壁龛内佛陀袈裟的缘边图案。袈裟主体为粉绿色，边缘为贴金忍冬纹。图案为条带式二方连续结构，枝条藤蔓呈波状卷曲，肥硕的四瓣叶上下交错而出，叶蒂处以三瓣叶填充，叶片造型体现出由纤细的北朝忍冬纹向丰硕的唐代卷草纹过渡的特点。图案配色简练，仅用金和石绿这两种色彩作为花色和底色，充分利用色彩结合造型所形成的正负形，营造出匀称而饱满的空间关系。

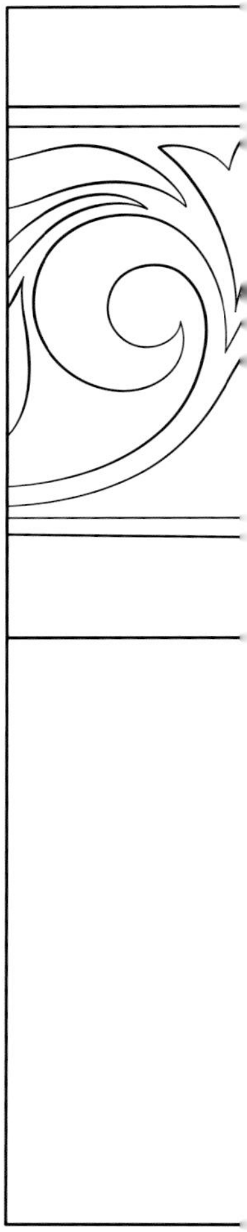

图：方良平

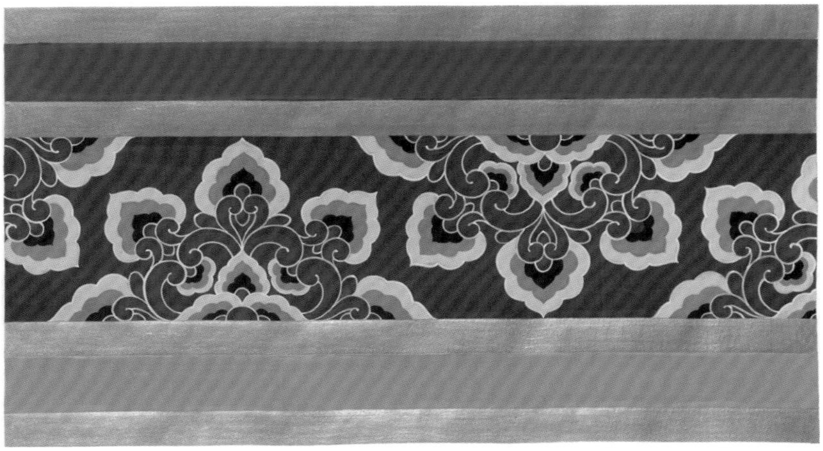

图文：崔岩

第328窟主室西壁龛内彩塑佛陀的裙边图案为二方连续结构，主体为米字结构的半破式八瓣宝相花，在土红色的底色上以石绿色退晕的方式表现出花瓣的层次感，间以石青色，并以白色线条勾勒。彩塑佛陀服饰整体风格稳重、庄严，在大面积的土红色袈裟中搭配石绿色的内衣和裙子，边缘饰以两条精致的图案，加上塑绘结合的手法表现出的衣褶变化和贴金装饰，质朴中不失华丽。

图：方良平

莫高窟初唐第328窟主室西壁龛内彩塑阿难尊者偏衫图案

图文：崔岩

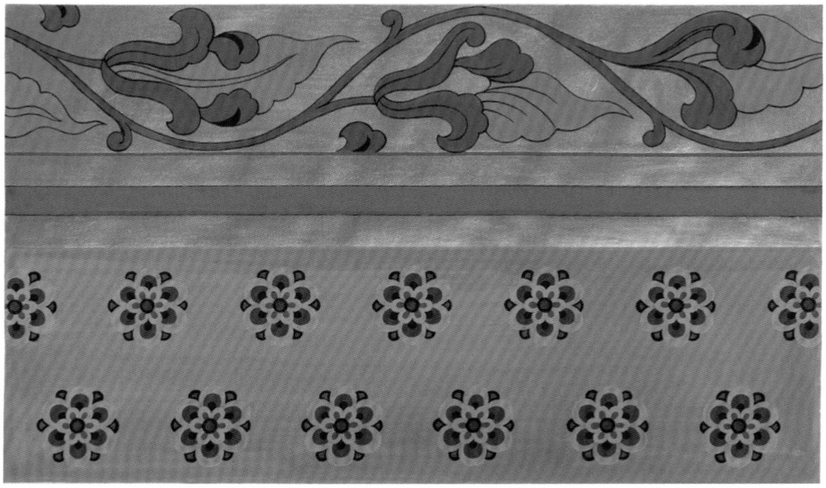

第328窟主室西壁龛内的彩塑阿难尊者外披土红色袈裟，内着偏衫，下着裙，服饰色彩以土红色和石绿色为主，对比鲜明。这里选取整理绘制的是阿难尊者的偏衫图案。偏衫图案为石绿底色上间错排列的六瓣散花纹，散花的花瓣共分三层，以石青色和土红色相互对比呼应，花瓣均采用退晕手法表现，具有光芒的渐变感，在底色的衬托下显得熠熠生辉。偏衫领缘以贴金为地，上绘石青色和石绿色的卷草纹，纹饰主结构为波状曲线，交错而出的花叶一正一反，造型上带有石榴的特点，空间处理较为疏朗，体现出初唐时期卷草纹的特点。排列规律的散花纹和自由生长的卷草纹相得益彰，将彩塑人物衬托得更加华贵与生动。

图：丁晓蓓

莫高窟初唐第328窟主室西壁龛内彩塑迦叶尊者裙缘图案

图文：崔岩

此为第328窟主室西壁龛内彩塑迦叶尊者的裙缘图案整理绘制。裙饰为二方连续结构，图案主体为半圆形宝相花纹，位于下列，半破式变体十字花为辅，位于上部。如果将此结构扩展为四方连续，便是唐代丝织品、金银器及建筑装饰中常见的团窠纹，根据主题的不同可分为宝相团窠、联珠团窠、动物团窠等。在敦煌莫高窟壁画中，这类图案除了用于服装边饰，还常绘于藻井边饰和背光。此图案以红色为底色，主体花瓣为具有深、中、浅渐变层次的石绿色，间以石青色花瓣和红色花心，以白色线条勾勒外轮廓，排列为层叠的放射状，极具装饰性，为人物深沉的服饰增添了一抹鲜明的色彩。

图：丁晓蓓

莫高窟初唐第328窟主室西壁龛内北侧文殊菩萨裙身图案

图文：崔岩

第328窟主室西壁龛内北侧文殊菩萨的裙身图案主要包括土红色底色上的四瓣及五瓣散花纹、两层锦裙边缘的一整二破式宝相花纹及二破式半宝相花纹、裙中菱格纹，以及膝盖处的圆形宝相花。将这些复杂的图案综合体现在同一锦裙的不同部位，体现了彩绘艺术家们的智慧。其中，菩萨锦裙上交错排列的四瓣和五瓣散花纹与阿难尊者偏衫上的散花纹类似，花型小巧精致，排列疏密得当，花色和底色形成鲜明对比，显得生动活泼。菩萨锦裙的边缘图案花型结构和轮廓丰富，在米字结构的基础上衍生出十字形、六边形等，加以层层退晕的方法体现花瓣的递进关系，显得更加雍容华贵，在存世唐代宝相花纹织锦中也常见这样的色彩配置。

图：丁晓蕾

莫高窟初唐第328窟主室西壁龛内南侧普贤菩萨裙身图案

图文：崔岩

第328窟主室西壁龛内南侧普贤菩萨裙身图案的特别之处在于裙中菱格纹及膝盖处圆形宝相花的搭配，这样的装饰不同于其他几尊塑像。精细的石青地金线菱格纹贯通全裙，与边饰相交，在膝盖部位以“开光”的方法绘出圆形的石绿色宝相花纹，六出花瓣融合了如意云头的造型，与边饰的二方连续图案既有联系又有区别，相互呼应，巧妙而新颖。因这两处装饰与周围底料的色彩和装饰风格存在差异，中间有色条分隔，特别是膝盖处图案与菩萨的坐姿和身形的配合恰到好处，如同定位设计一样。这在敦煌壁画和彩塑菩萨的服饰图案中并不常见，相信与织造水平的提高和彩塑艺术家的创造密切相关。

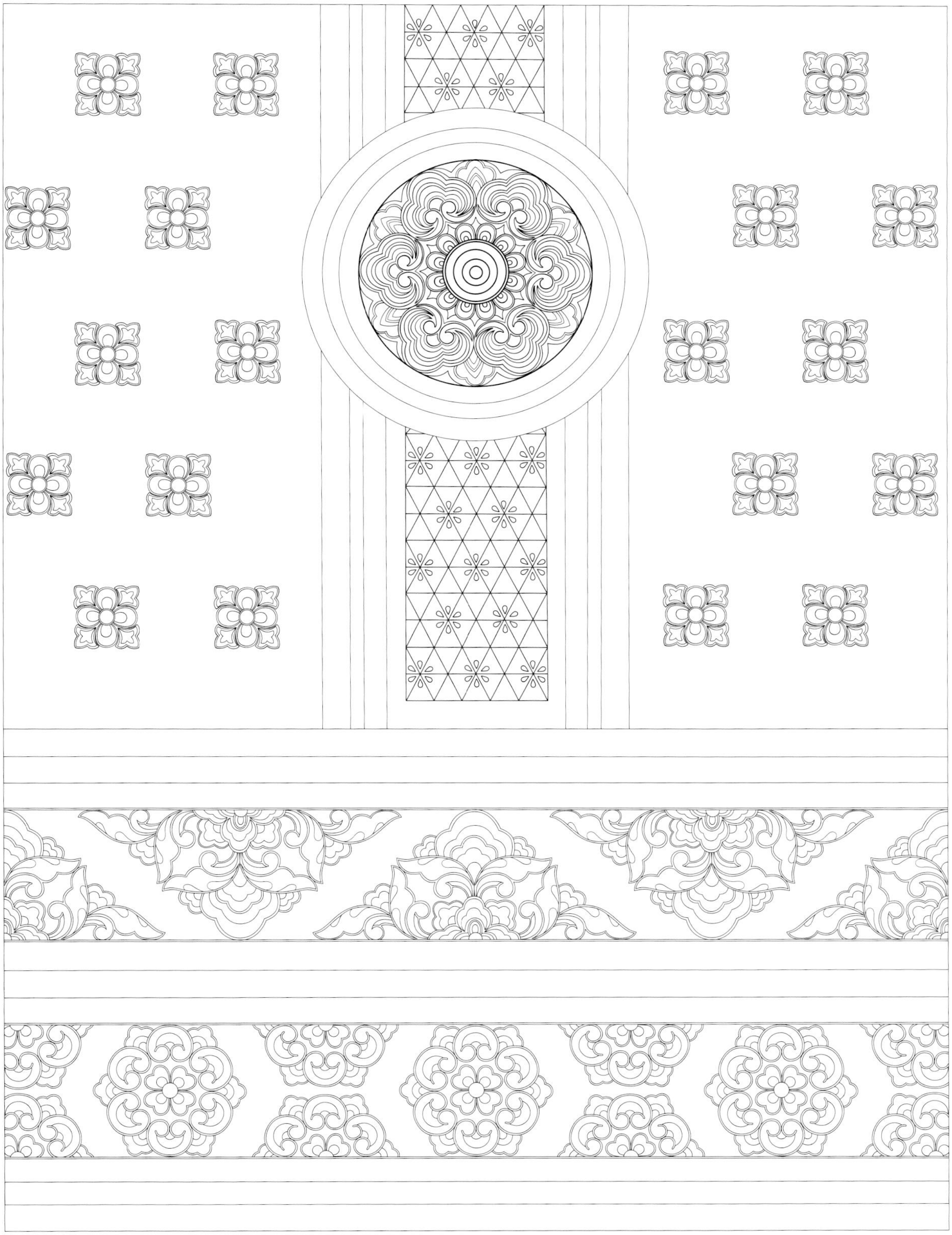

图：丁晓蓓

莫高窟初唐第328窟主室西壁龛内南侧供养菩萨短裙图案

图文：高雪

第328窟主室西壁龛内南侧供养菩萨的短裙图案细致精美、造型巧妙、色彩和谐，作为古代配饰的一种，其深厚的民族文化性为今天的设计提供了创意灵感来源。菱格这一图案骨架早在商代就已出现于织物的几何纹上，根据历史文献和实物表明，战国时期丝织工艺取得了很大的成就，几何纹多数是以菱形为变体的主体形。构成方法主要有两种，一种是直接用变体菱形纹作均匀排列，另一种是用连续的几何纹网作骨架，再在其中填入与之相适应的几何形或变体几何纹，点缀其间的菱形适合纹样随菱形内空间大小而设计填充，各种几何元素的大小、聚散、疏密均有变化。

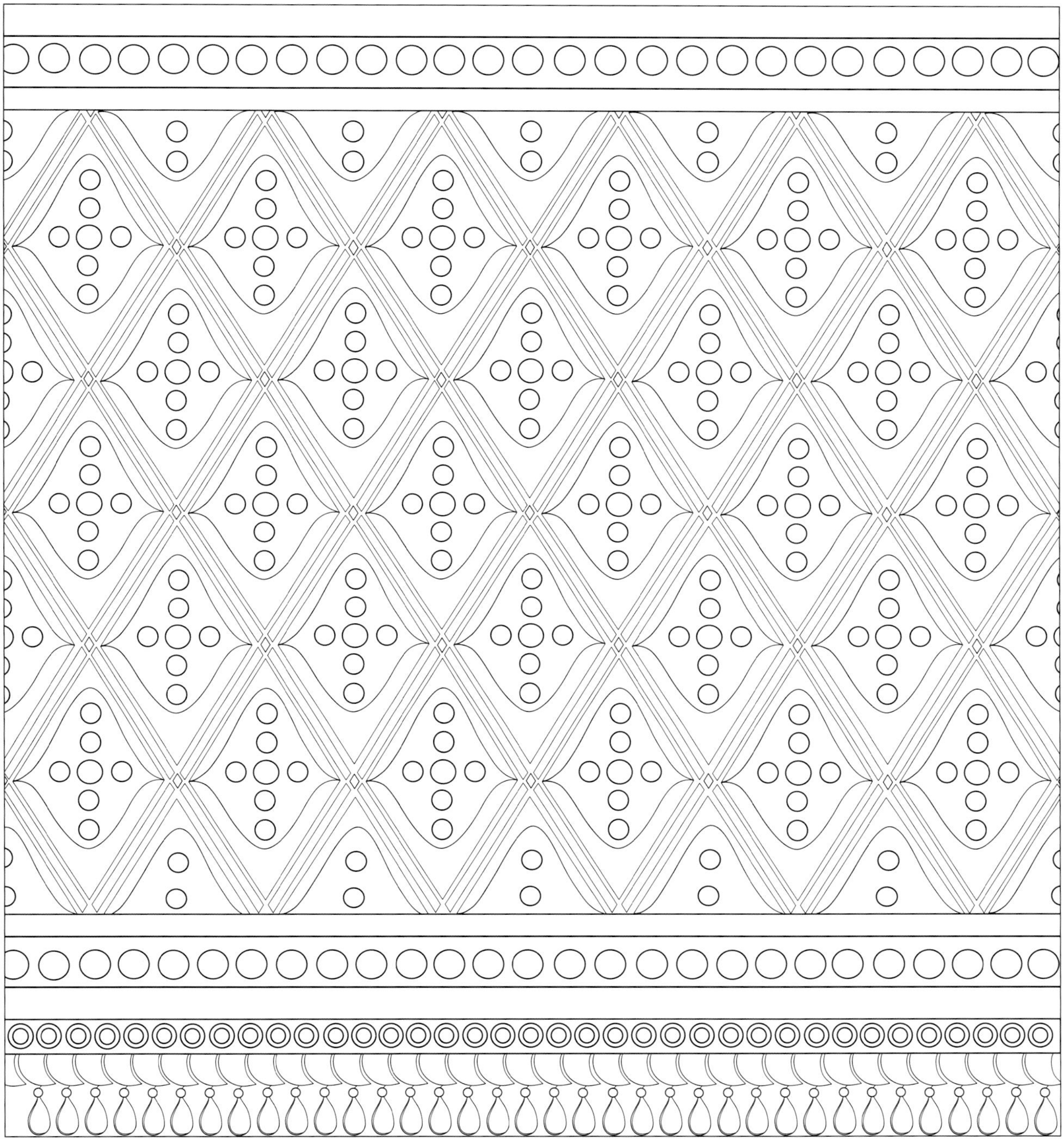

图：丁晓蓓

莫高窟初唐第328窟主室西壁龛内南侧供养菩萨长裙图案

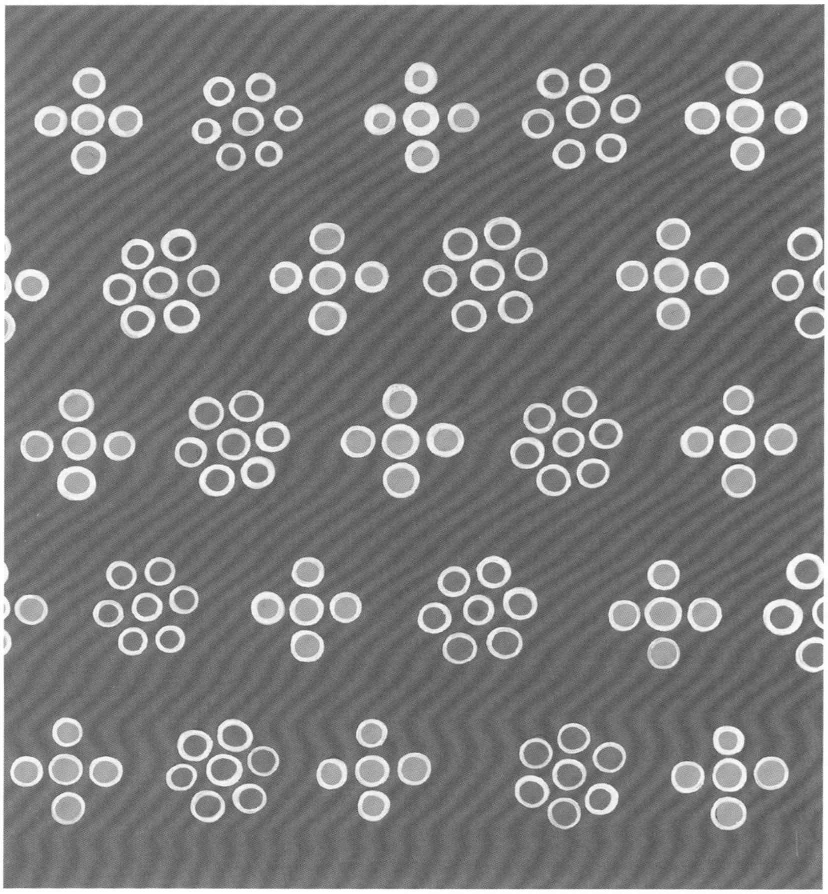

图文：高雪

第328窟主室西壁龛内南侧供养菩萨的长裙图案为红色底上分布小散花的形式。散花分大、小两种，上下交错，朴素美观，有活泼的层次感和韵律感，壁画中仅见朵花的白色轮廓线。这种图案形式早在北朝就已出现，实物如新疆吐鲁番阿斯塔那墓出土的西凉时期蓝地蜡缬绢，其花朵同样是分大、小两种，小朵花排成菱格，大朵花填于格心，交叉排列。日本藏唐代蜀红锦中心的小花也是相同组织形式。汉唐蜀锦名闻天下，丝绸古道上出土了很多汉唐遗物均产自蜀地，由此可以窥得这种几何散花的样式在早期织物中已有呈现，并一直延续至唐代。

图：丁晓蓓

莫高窟初唐第328窟主室西壁龛内南侧供养菩萨披帛图案

图文：高雪

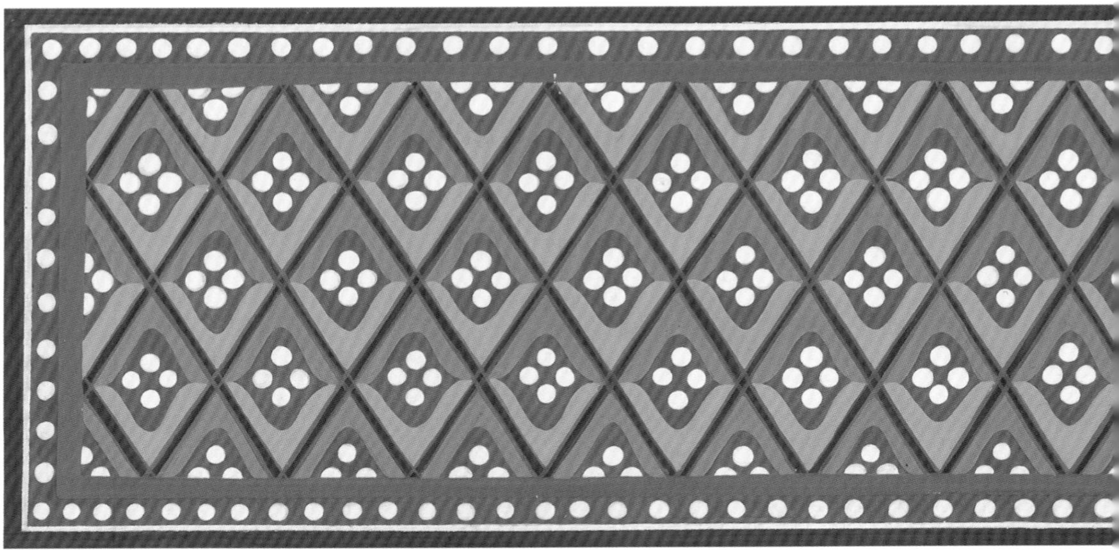

图：丁晓蓓

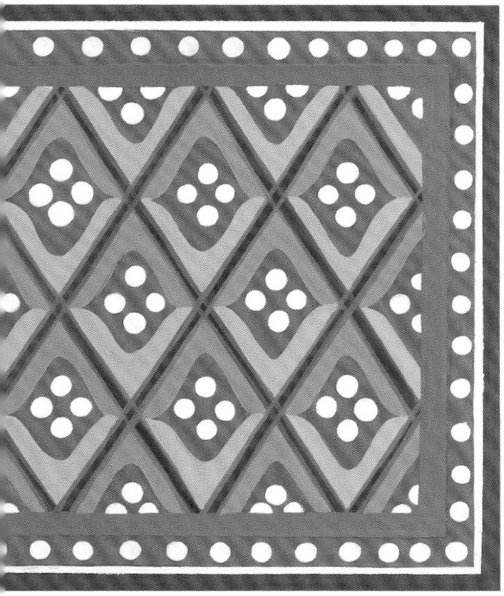

第328窟主室西壁龛内南侧供养菩萨的上身斜披披帛，图案整体分布呈二方连续，小菱格内饰有十字联珠，并组成内框。以红色为底，外框边缘有蓝、红、褐三色相间的色带，装饰白色联珠，底色加描白线，颇具唐代特色。菱格具有整齐一致、平衡对称的形式美感，在绞缬、蜡缬、夹缬等古代染织工艺中较易实现。重彩加描白线是初唐装饰图案常用的手法，虽然朱红、石青、石绿均已变色，仍体现出当时锦绣衣饰的精致和绚丽。

莫高窟初唐第329窟主室北壁供养菩萨裙身图案

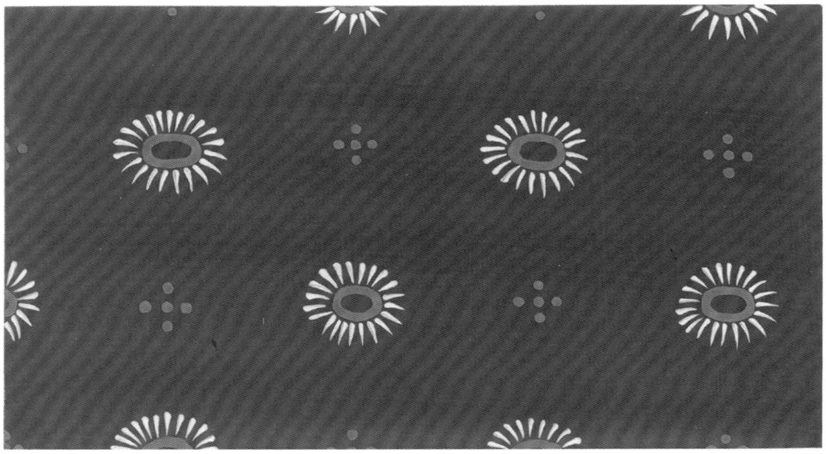

图文：苏芮

图案取自初唐第329窟主室北壁弥勒经变中位于主尊右侧的供养菩萨的裙身。菩萨上身披石绿色披帛和透明天衣，着红色长裙，裙子饰以朵花纹和散点纹。主纹为朵花纹，花心为绿色椭圆环，外围以白色羽状花瓣环绕，呈放射状，造型上具有菊花的特点。花纹之间的空隙以绿色散点纹填充，与朵花纹交错呈四方连续排列。整体纹样灵动俏丽，花地分明，错落有致。

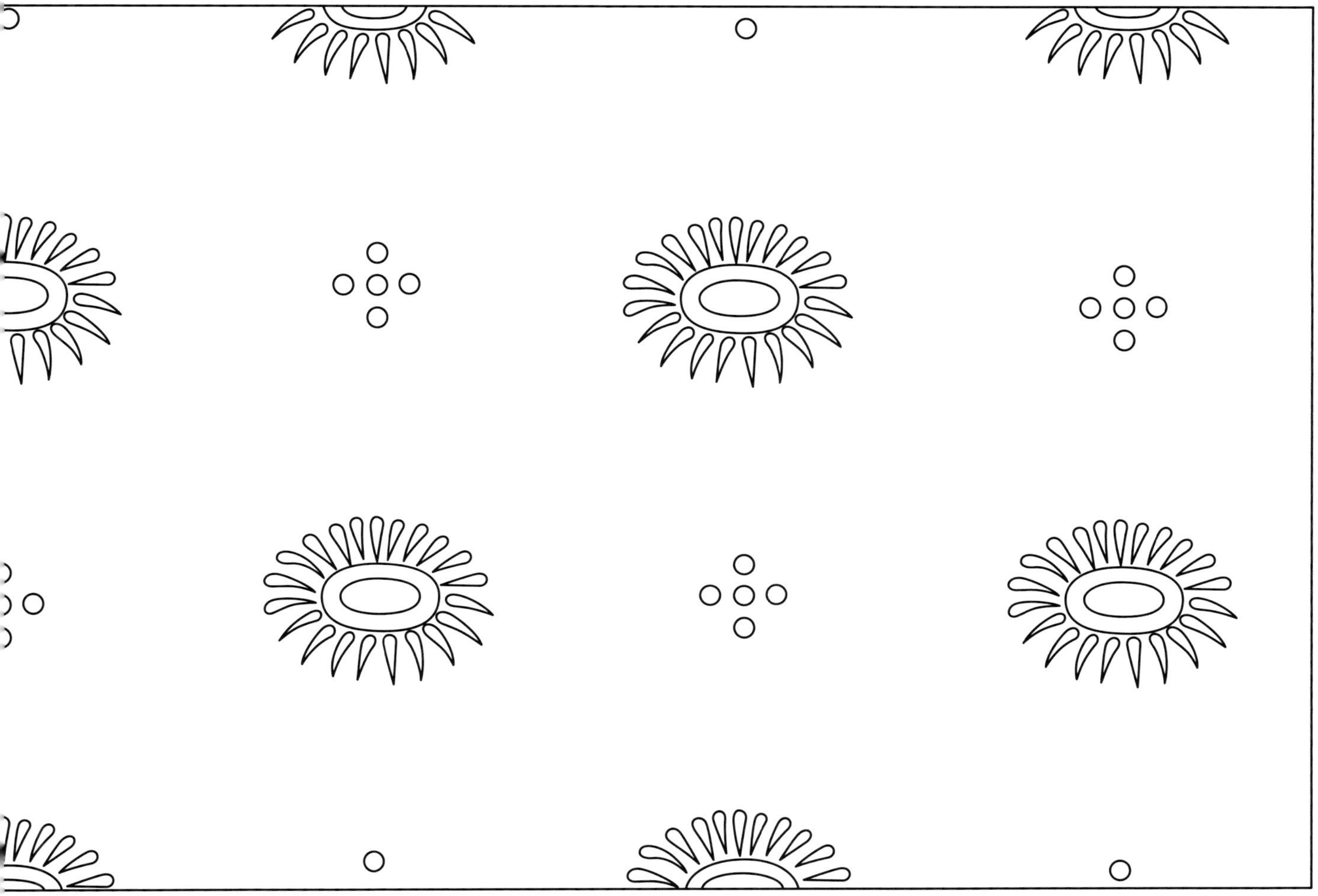

图：苏钰

莫高窟初唐第333窟主室西壁龛内弟子像袈裟图案

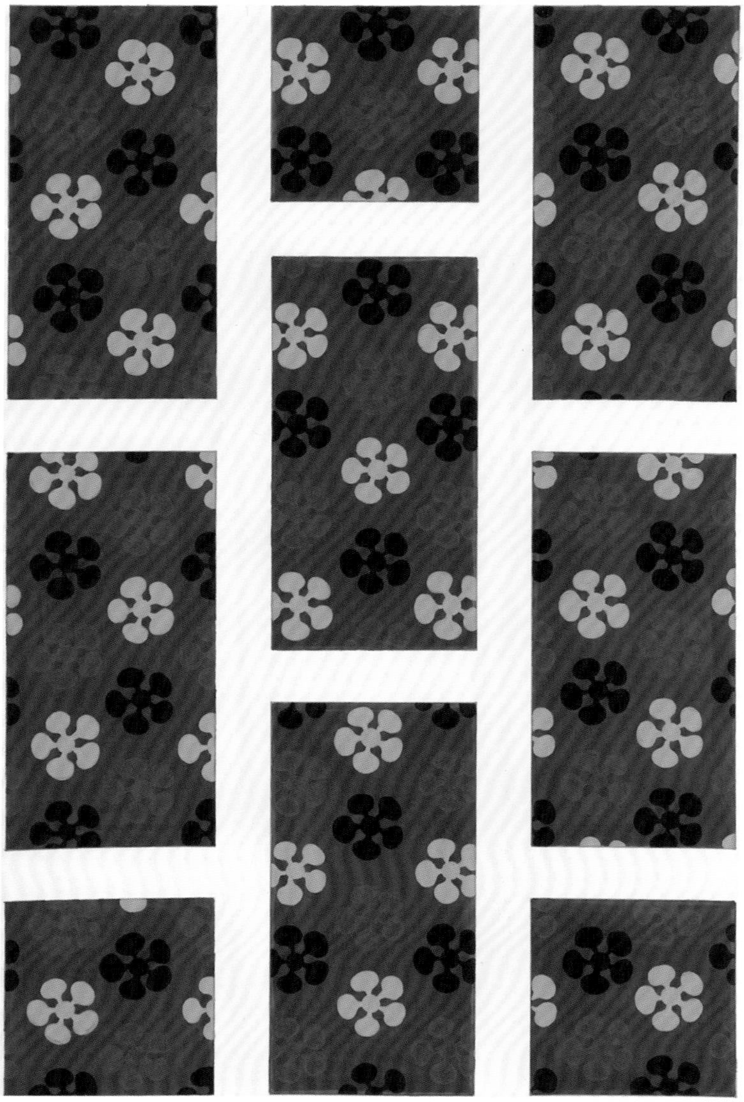

图文：崔岩

第333窟中的主尊佛陀与左右两侧的阿难尊者、迦叶尊者彩塑都由于后世的修整和重绘而失去了初唐风貌，所幸主尊彩塑后侧方的这身弟子像壁画虽略斑驳，但还保留着当年绘制的原貌。画中弟子身体呈直立动势，双手抬于前，左低右高，内着镶有朱红缘边的石绿色僧祇支，外披田相纹袈裟，装饰多色五瓣花纹，盛唐第199窟的高僧形象中也有类似花纹的袈裟形象出现。袈裟为褐色地，上面分别排列着黑色、石绿色和红色的花纹图案。图案造型似梅花，花瓣浑圆，根部细窄，以平涂轮廓式方法表现。从组织结构和艺术风格来看，推测其为模版印花工艺制成，具有形象简练、易于重复、色彩单纯等特点，具有平面化的装饰特征。

图：丁晓蓓

莫高窟初唐第333窟主室南壁供养菩萨裙身图案

图文：崔岩

第333窟主室南壁、北壁各绘制六身形态各不相同的供养菩萨，服饰穿搭相似，因此这里选取南壁东向第二身供养菩萨的裙身图案进行整理绘制。此身供养菩萨神情专注，左手持军持，右手擎莲花，侧身面向佛床。上身斜披披帛，束石绿色围腰，下身着短裙和半透明长裙，悬垂的璎珞兜住裙侧形成美丽的波浪线。裙身为浅土红色，上面排列装饰着四方连续的散花纹。花纹保留了自然的对称形态，以四褐色圆点为花心，石绿色花叶呈放射状展开，四个一组交错排列。

图：王祥瑞

莫高窟初唐第334窟主室西壁龛内彩塑菩萨裙身图案一

图文：崔岩

第334窟主室西壁龛内塑有四身菩萨，菩萨上身的肌肤和服饰均经清代重修，但裙子仍然保留了初唐的原貌，且绘制精美。菩萨所穿长裙以红色为底，以四方连续的石绿色、石青色的散花纹、卷云纹为花，然后依据身体部位的相应装饰位置，以条带方式绘出不同题材和色彩的二方连续图案。竖向图案装饰于股（大腿）前，横向图案装饰于膝下裙缘处，这是一种将图案装饰与服装穿着巧妙结合的定位设计方法，同样的例子在初唐第328窟彩塑菩萨裙饰图案中也可以看到。

图：刘佳昕

莫高窟初唐第334窟主室西壁龛内彩塑菩萨裙身图案二

图文：崔岩

菩萨裙饰图案的题材十分丰富，包括卷草纹、卷草异兽纹、宝相花纹等，色彩以朱红、石青、石绿为主，有的施以平涂，有的以退晕法表现，对比强烈，缤纷艳丽。白色和金色在图案中起到重要的调节作用，令画面色彩更加和谐统一。虽然此窟彩塑菩萨的裙身图案保存较好，但随着时间的流逝，也出现了不同程度的褪色、变色等现象。因此，作者参考了常沙娜老师在《中国敦煌历代服饰图案》一书中绘制于20世纪50年代的整理图稿，以求追溯更加贴近真实、绚烂华丽的初唐服饰图案面貌。

图：王祥瑞

莫高窟初唐第334窟主室西壁龛内彩塑阿难尊者偏衫图案

图：崔岩　文：崔岩、梁霄

第334窟主室西壁龛内彩塑阿难尊者的偏衫图案为缠枝葡萄纹，主题明确突出。据《汉书·西域传·大宛国》记载："汉使采蒲陶、目宿种归。"说明汉使从西域得此物种，之后在中原普遍种植。葡萄这种来自西域的特色植物作为织物主题纹样出现在纺织品上，始于东汉时期，至唐代运用更加广泛，体现了唐朝社会的审美趋向与对外交流发展情况。本图案采用复杂的缠枝结构，以藤蔓为骨架，其间填充葡萄与葡萄叶，使图案既饱满又流畅；色彩则采用简洁的配置，以褐色为地，以石绿色为花，沿着纹样边缘勾线的处理方式，以及复杂的缠枝结构，使得图案并不单调，反而展现了独属于初唐的勃勃生机。

图：方良平

莫高窟初唐第335窟主室北壁帝王冕服蔽膝图案

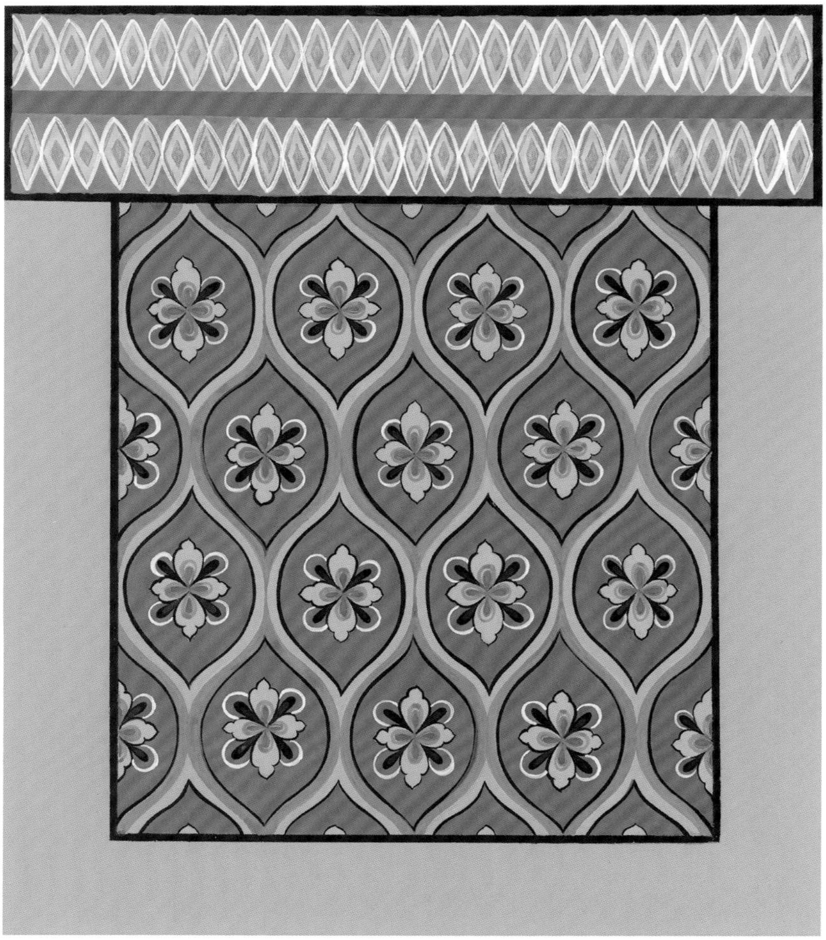

图文：高雪

此幅蔽膝图案来源于第335窟主室北壁帝王听法图中的帝王冕服。该图案结构为网状连缀形，是由单列的对波纹组合而成的，表现在丝绸提花纹样上主要有两种形式：一种是折枝纹样的连缀，另一种是几何纹样的连缀。蔽膝图案主体的波状曲线正反交错形成近似菱形的连缀图案，这种图案流行于唐代。此种装饰骨架与建筑装饰、壁画、织物纹样上都有着同一性的传承关系。织物上，方条带表示革带，内有两列菱格图案。蔽膝图案由石绿色三向包围，主体纹样为几何菱形网状连缀纹，于网状中嵌以十字形三瓣四叶的小花，这种十字形嵌花与唐代印染织物中常见的放射式的团花、方胜纹、小簇草花一样，体现在敦煌壁画的服饰中。

图：王祥瑞

莫高窟初唐第372窟主室南壁文殊菩萨裙身图案

图：苏芮　文：崔岩、苏芮

此图案取自第372窟主室南壁阿弥陀经变中文殊菩萨的裙身。裙子材质为透明纱质，因此绘制整理时以肤色为底色，以十字散花纹为显花。主纹为十字结构，浅石绿色花瓣，白线勾勒，呈四方连续排列。纹样清新雅致，花地分明，清地排列。此类十字散花纹在敦煌石窟中多次出现，是一种基础性服饰图案。

图：苏钰

莫高窟初唐第392窟西壁龛内彩塑佛陀袈裟图案一

图文：姚志薇

图案取自第392窟西壁龛内彩塑佛陀的袈裟。其外层袈裟的缘边和主体为卷草纹，这是敦煌莫高窟代表性的植物纹样之一，由早期的忍冬纹发展变化而来，因兴盛于唐代，又称“唐卷草”。其特点为枝干呈卷曲波浪状，有疏密两种分布，呈二方连续或四方连续等不同形式，由于结构的灵活性，能够适应藻井边饰、人物服饰等更多的装饰空间，在同时期的金银器、碑刻、织锦、瓷器上也有表现。关于卷草纹的源流有不同说法，但对卷草纹的地位和价值鲜有异议。

图：方良平

莫高窟初唐第392窟西壁龛内彩塑佛陀袈裟图案二

图文：姚志薇

图：方良平

卷草纹的造型是以波浪式结构线作为骨干，花头呈等距、错落排列，花叶通过波浪形枝干连接和分布，整体图案疏畅有度、曲折优美、生动灵巧。敦煌莫高窟古代画工讲究曲率和笔意，并且熟练掌握自然界的花草特征，能够对纹饰的张力造型熟练于心，在纹饰的造型表现上体现出了强大的生命力。

莫高窟初唐第392窟西壁龛内彩塑佛陀袈裟图案三

图文：姚志薇

图：丁晓蓓

内层袈裟缘边为两种不同底色和造型的宝相花纹。宝相花纹是在本土艺术形式与外来艺术不断融合过程中形成的具有民族审美特色的植物花卉，取自佛教“庄严宝相”之名，据文献记载“宝相”一词可追溯至魏晋南北朝时期。宝相花纹样受古印度犍陀罗艺术的熏染，又与中国传统装饰艺术与地域审美相结合，寓意富贵吉祥，符合民族审美和地域风俗。从图案造型上来看，宝相花纹概括了不同花体（牡丹、石榴花等）的特征进行艺术再加工，使纹样形状更趋于丰富化、平面化，整体造型圆润丰满。

莫高窟初唐第392窟西壁龛内彩塑佛陀袈裟图案四

图文：姚志薇

图：丁晓蓓

宝相花纹绘制时以“米”字为基调，呈平面圆形辐射状，土红底色的宝相花纹与陕西乾县唐代懿德太子墓壁画中方形的宝相花纹类似，均以圆心为顶点，内圈的花瓣组合成圆环状，外圈则明显呈方形；白底色的宝相花纹的花心画四片如意纹，外饰八片花瓣，第三、第四层以八片如意、花头为主，如意纹与花瓣交错，层层叠压形成有节奏的轮廓形态。

莫高窟初唐第392窟主室西壁外层龛南侧彩塑菩萨裙身图案

图文：崔岩

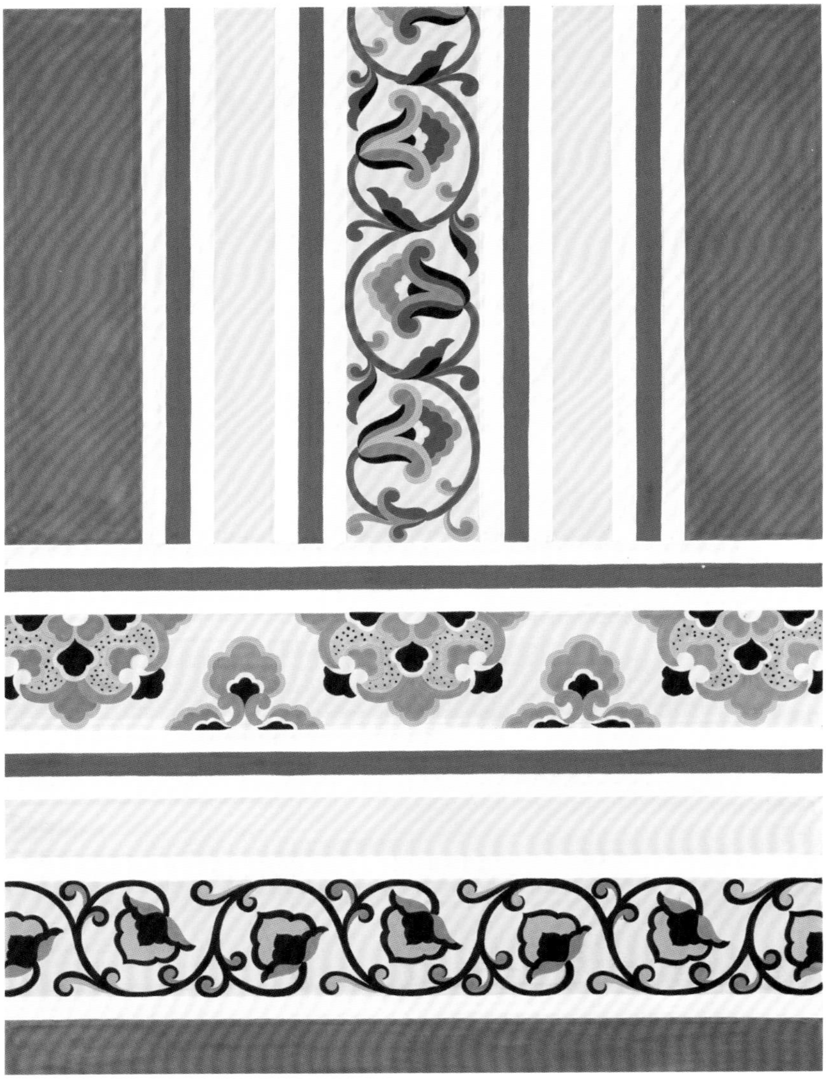

这是第392窟主室西壁外层龛南侧的彩塑菩萨裙身图案。图案的整体构图采用初唐菩萨裙饰的常用方式，即从双股处延伸两道竖向图案，裙子下部装饰横向的多道边缘图案，与初唐第334窟主室西壁彩塑菩萨的裙身图案构图类似，反映了初唐时期服饰图案的定位设计思想。图案均为二方连续式结构，题材为唐代流行的卷草纹和团花纹，单位分布排列较为疏朗。图案色彩淡雅明快，在初唐时期的服饰图案中是较为特殊的一例。

图：方良平

莫高窟初唐第401窟主室北壁下供养菩萨披帛图案

图文：苏芮

第401窟主室北壁下供养菩萨的上衣底色为红色，以白色菱格纹、白色联珠纹和蓝绿对角纹为显花。以白色羽状纹组成主体菱格骨架，主纹为中心环联珠纹，其上、下分别装饰蓝绿对角纹。纹样妍丽热烈，花地分明，满地排列，色彩对比强烈，极具视觉冲击力。联珠纹是由大小基本相同的圆形几何点连接排列，形成更大的几何形骨架，然后在这些骨架中填以动物、花卉等各种纹样，有时也穿插在具体的纹样中作为装饰带。联珠纹规则有序，富于变化，搭配灵活，样式层出不穷，成为隋唐时期最流行的图案之一。

图：方良平

盛唐

莫高窟盛唐第31窟主室北披供养菩萨裙身图案

图：常青　文：赵茜、吴波

此图为盛唐第31窟主室北披供养菩萨的裙身图案。花朵为小簇花形态，每簇为小叶片托小花，花瓣与叶片形态都十分小巧，聚拢在一起后形成团状，整体呈四方连续排列，为唐代常见的服饰纹样。

图：苏钰

莫高窟盛唐第31窟主室北披天女裙身图案

图：常青　文：张春佳

此图为盛唐第31窟主室北披天女裙身图案。天女着交领襦，大袖，系腰带，下身长裙曳地，裙身饰有唐代流行的小簇花，或为印花。此种小簇花在莫高窟大范围出现是在中晚唐的供养人服饰上，而中原地区或唐都长安周边都是唐前期即有。

图：苏钰

莫高窟盛唐第45窟主室西壁龛内南侧彩塑阿难尊者僧祇支图案

图文：姚志薇

图：丁晓蓓

卷草纹是唐代壁画图案艺术的重要组成部分，呈“S”形波状茎蔓骨架，饰有花、枝、叶等装饰纹样。《汉语大词典》：“海榴，即石榴，又名海石榴。”将石榴装饰在“S”形主藤蔓纹样上，称为石榴卷草纹。此服装边饰花枝叶蔓，丰厚饱满，让人联想到盛唐壁画中人物“丰腴赋体”“曲眉丰颊”的艺术特征。

莫高窟盛唐第45窟主室西壁龛内南侧彩塑阿难尊者裙缘图案

图文：姚志薇

图：苏钰

团花图案是莫高窟盛唐时期代表性纹样之一，该图案位于第45窟主室西壁龛内南侧彩塑阿难尊者裙缘处，整幅图案以二方连续半团花图案为主。半团花出现在佛、菩萨、天王、力士等服饰上，体现了团花图案应用之广泛多样。

莫高窟盛唐第45窟主室西壁彩塑菩萨腰裙图案

图文：姚志薇

该图案来自第45窟主室西壁彩塑菩萨腰裙处，上半部分以绿底为主色调，装饰红色五瓣小花，下半部分以间色菱形图案为主，两种图案组合的颜色冷暖交替，对比强烈又不失稳重和谐之感。

图：苏钰

莫高窟盛唐第45窟主室西壁彩塑菩萨裙缘图案

图文：姚志薇

图：刘佳昕

如意是佛教“八宝”之一，如意纹代表“回头即如意”的吉祥寓意。该图案位于第45窟主室西壁彩塑菩萨裙身处，以如意纹结合团花图案为主，用色简洁明快，造型典雅舒展。

莫高窟盛唐第45窟主室西壁龛内南侧彩塑菩萨裙身图案

图文：姚志薇

图：苏钰

该图案位于第45窟主室西壁龛内南侧彩塑菩萨裙身靠近腿的内侧位置，以带状二方连续图案为主，主要的花朵图案中心以桃心二裂瓣为主，四片花叶包裹成圆形，其外部围绕四组三裂瓣的花朵呈“米”字形，周围饰小碎花。整幅图案零零整整，雅丽而时尚，搭配得宜，独具匠心。

莫高窟盛唐第130窟甬道南壁都督夫人供养像半臂图案

图文：崔岩

都督夫人作为整幅礼佛供养图中的主体人物，其服饰最为雍容华贵。都督夫人所穿的半臂图案可谓花团锦簇，但因为覆盖在披巾下面，所以看不到整体原貌。现根据段文杰先生的壁画临摹稿及同时期图案进行变化发挥，整理为以牡丹为基础造型的团花纹。图案为四方连续式，红底上分布着盛开、半开和花苞式的红色花朵，与绿色枝叶相互映衬，显得鲜艳夺目。

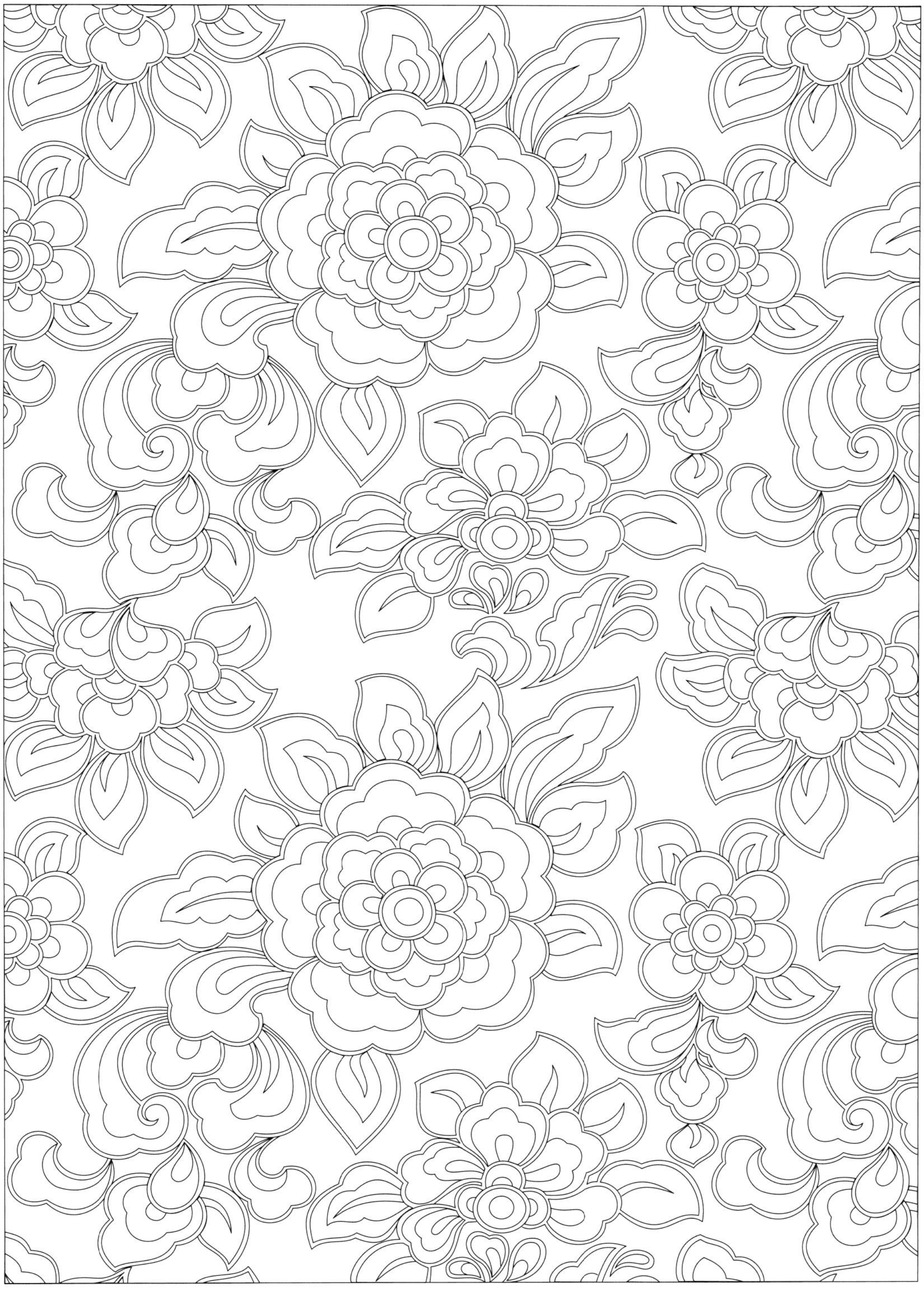

图：刘佳昕

莫高窟盛唐第130窟甬道南壁都督夫人供养像披巾图案

图：王可 文：崔岩

都督夫人上身披着具有透明质感的米白色披巾，上面装饰着呈散点状、竖向排列的折枝花纹，每一组图案的单元纹样呈对称状，枝叶疏朗，叶片形似柳叶，其间点缀着红、黄两色的五瓣形小花，清新典雅。

图：孟伟娜

莫高窟盛唐第130窟甬道南壁都督夫人供养像上襦图案

图：王可　文：崔岩

都督夫人所穿上襦和长裙的图案也以花卉纹样为主。上襦的图案为散点排列的花叶纹，花型与披巾图案相似，均为五瓣形小花，叶子分为四簇，从花朵四周呈放射状伸出。长裙图案的组织结构与披巾图案有些相似，均为呈散点状、竖向排列的折枝花纹，但叶片较为圆润，主体花型仍为五瓣形小花。

图：苏钰

莫高窟盛唐第130窟甬道南壁都督夫人供养像裙身图案

图文：崔岩

第130窟甬道南壁都督夫人供养像服饰的裙身图案为红色底上点缀青绿色的花朵和枝叶。整体图案配色大胆，华美艳丽但不显突兀，具有对比且统一的视觉效果。

莫高窟盛唐第130窟甬道南壁女十三娘供养像上襦图案

图：王可　文：崔岩

第130窟甬道南壁女十三娘供养像的整体服饰图案和色彩较为淡雅。她身穿米白底色的上襦，上面装饰着散点状的青绿色点花叶片纹。花纹中心为石青色和石绿色交错排列的三个圆点，四周伸出成组的青绿色簇状叶片。点状的叶片轻快灵动，像光芒一样围绕在圆点周围，整体形成对称的倒三角式单元造型，规整的组织结构中不乏细节变化。

图：苏钰

莫高窟盛唐第130窟甬道南壁女十三娘供养像披巾图案

图：王可　文：崔岩

第130窟甬道南壁女十三娘供养像的披巾图案以淡雅的石绿色为底，上面点缀着散点状的叶片纹。这种纹样与上襦中的花叶纹相似，也呈簇状伸展，小巧精致，简洁明快。绘制过程中参考了常沙娜老师所著《中国敦煌历代服饰图案》一书的整理临摹稿。

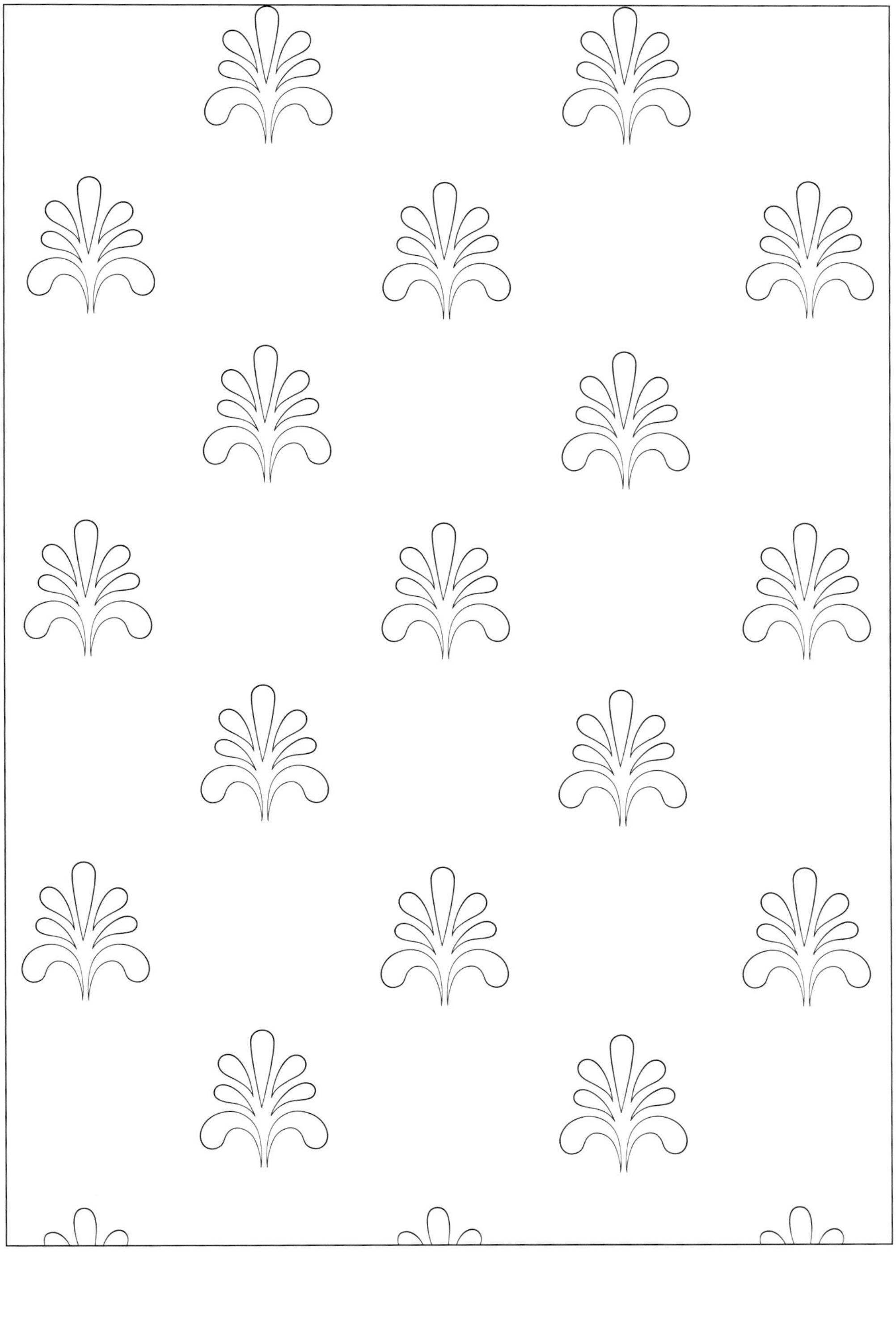

图：苏钰

莫高窟盛唐第130窟甬道南壁女十三娘供养像裙身图案

图文：崔岩

第130窟甬道南壁女十三娘供养像身着淡黄底色的长裙，上面装饰着散点排列的花纹，清新雅丽。现参考常沙娜老师在《中国敦煌历代服饰图案》一书中的整理临摹稿，将其绘制为四方连续的折枝花纹。单元花纹为均衡结构，在倒悬卷曲的枝蔓上点缀着一朵五瓣形小花和两个小型花苞，玲珑可爱。以折枝花纹为主体的服饰图案反复出现在都督夫人礼佛图群像中，说明这是当时女子服饰的流行纹样，也透露出盛唐时期偏爱植物和崇尚自然的审美趣味。

图：孟伟娜

莫高窟盛唐第130窟甬道南壁女十一娘供养像半臂图案

图：王可　文：崔岩

第130窟甬道南壁女十一娘供养像的服饰色彩对比鲜明、华美浓丽，与身旁着装清新淡雅的女十三娘形成了鲜明对比。女十一娘供养人像的服饰图案风格与其他几身女供养人像相似，均以散点状的花卉植物纹为主，体现了当时世俗化的审美观念。她穿着淡黄底色的半臂，上面点缀着交错排列的花叶纹，纹样为对称式的侧面视图，较为写实地画出了枝干、叶片、花蒂和花苞等整株植物的形态。色彩配置上也颇费心思，花苞部分用红色和石青色穿插变换，透露出勃勃生机。

图：苏钰

莫高窟盛唐第130窟甬道南壁女十一娘供养像裙身图案

图：王可　文：崔岩

第130窟甬道南壁女十一娘供养像的长裙图案是较为简化的散点花叶纹，纹样中心是黄、红两色的五瓣形小花，四周点缀放射状叶片衬托，在石绿色的基调中表达出自然雅丽之感。

图：苏钰